U0338651

DK LIAOBUQI DE SHUXUE SIWEI

DK了不起的数学思维

英国DK公司 编著　安　安 译

黑龙江少年儿童出版社

登记号：黑版贸审字08-2020-063号

图书在版编目（CIP）数据

DK了不起的数学思维 / 英国DK公司编著；安安译
. -- 哈尔滨 ： 黑龙江少年儿童出版社，2020.9（2023.11重印）
ISBN 978-7-5319-6768-2

Ⅰ．①D… Ⅱ．①英… ②安… Ⅲ．①数学—儿童读物
Ⅳ．①O1-49

中国版本图书馆CIP数据核字(2020)第121331号

DK | Penguin Random House

DK了不起的数学思维
DK LIAOBUQI DE SHUXUE SIWEI

英国DK公司 编著

安 安 译

出 版 人 张 磊
项目策划 顾吉霞
责任编辑 顾吉霞
出版发行 黑龙江少年儿童出版社
（哈尔滨市南岗区宣庆小区 8 号楼 邮编：150090）
网 址 www.lsbook.com.cn
经 销 全国新华书店
印 装 惠州市金宣发智能包装科技有限公司
开 本 889mm×1194mm 1/16
印 张 10
字 数 240 千字
书 号 978-7-5319-6768-2
版 次 2020 年 9 月第 1 版
印 次 2023 年 11 月第 17 次印刷
定 价 98.00 元

（如有缺页或倒装，本社负责退换）

Original Title: What's The Point of Maths
Copyright © Dorling Kindersley Limited, 2020
A Penguin Random House Company

FSC 混合产品
纸张 |
支持负责任林业
FSC® C018179

www.dk.com

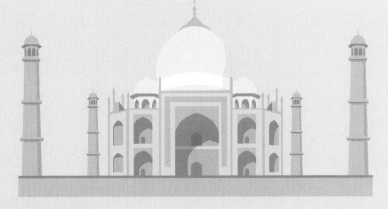

内容提要

从沙漏到原子钟，从算筹到计算机，数学默默地"主宰"着世界。

本书用精美的图画和生动的历史故事揭示了数学思维的诞生和发展。这些精彩、玄妙、充满戏剧性的真实事件，不由得令人赞叹！

引人入胜的数学故事包含着巧妙而深刻的数学思维过程。细读本书，可以开拓思路，提高孩子解决问题的能力。

目 录

公元纪年以耶稣基督诞生的那一年为公历元年，即"公元1年"。耶稣基督诞生的前一年则称为"公元前1年"。

"公元前"是"公元元年以前"的缩写。本书中如果年代前面有"公元前"字样，那么就代表公历元年以前的年份，数字越大，代表年代越久远。

如果不知道某件事发生的确切年代，则使用"约"表示年代是近似的。

了不起的数学思维

历经数千年的数学史给我们留下了许多精彩的故事。从古至今，人类的发展和进步很大程度上归功于在数学方面所掌握的技能和知识。学习数学有助于我们了解数学思维的演变以及它在整个人类历史进程中所做出的贡献。

观测时间

从早期人类按月亮的运行周期来计算天数，到如今每2000万年只有1秒误差的原子钟，数学与我们的生活密切相关。

导 航

从在地图上做标记，到全球定位系统使用的高科技三角定位法，数学一直在帮助人类进行导航。

种植农作物

从早期人类试图预测水果何时成熟，到如今能够确保农民从土地中获得最大收益的现代数学分析方法，数学在农业生产中发挥了很大作用。

艺术创作

如何创作一幅比例完美的画作或绘制一幅对称的建筑物设计图呢？无论是运用古希腊人提出的黄金比例，还是绘制透视图所需的精密计算，数学都可以提供答案。

制作音乐

数学和音乐似乎毫不相干，但是如果没有数学，我们怎么数拍子或创作节奏呢？当各种音符组合在一起形成和声时，数学可以帮助我们分析什么声音好听，什么声音不好听。

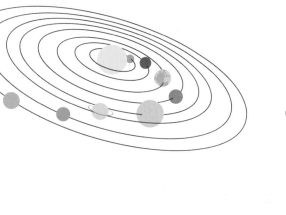

了解宇宙

我们的祖先记录月相，文艺复兴时期的科学家研究行星的运行轨道，都需要运用数学。数学是揭开宇宙奥秘的钥匙。

设计与建筑

如何建造不会倒塌的建筑物？如何使建筑物既实用又美观？数学是帮助建筑师和建筑者做决定的基础。

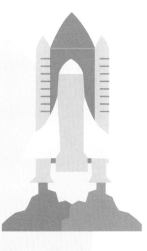

探索科学

将人、机器人和人造卫星送入太空，是不能仅仅靠推测实现的。科学家需要利用数学来精确计算运行轨道和运行轨迹，这样才能安全地引导飞行器飞到月球或太空中的某个地方。

拯救生命

实际上数学也是一种救命的工具。无论是测试新药、进行复杂的外科手术，还是研究致命的疾病，如果不进行大量的数学测算，那么医生、护士和科学家将无法运用先进的医疗手段挽救病人的生命。

金融理财

几千年前，人们用数数的方法来计算他们所拥有的财产，而现在人们用复杂的数学模型来解释、管理和预测国际商业和贸易。如果没有数学，世界不知会是什么样子。

计算机运算

当阿达·洛芙莱斯编写世界上第一个计算机程序时，她无法想象这将会改变世界。如今，我们的电视、智能手机和计算机每秒可以进行千百万次的计算，并且每秒有千万兆字节的数据通过互联网传递。

数字与计数有什么用？

如果没有计数用的数字，人类就不会进步！从我们的祖先早期使用的简单的刻道记数法，到今天用来解释宇宙如何运转的代数方程式，从根本上说，数字和计数不仅在刚开始研究数学的时候非常重要，即便是现在，也同样非常重要。

如何记录时间

计数的历史可以追溯到至少35000年前的非洲。历史学家认为，我们的祖先使用刻道的方法记录不同的月相以及经过的天数，这对于狩猎者和采集者的生存至关重要。在那个年代，我们的祖先已经开始记录动物的活动规律，甚至还可以预测某些水果成熟的时间。

在一个周期的中间，月亮又大又明亮。

在周期开始时，月亮细细的、弯弯的。

2 他们意识到，如果记录下这些月相，就可以预测每一种月相何时再次出现。

1 早期的人类注意到，月亮在天空中的形状呈周期性变化。

3 早期人类用刻道的方式来记录这种变化。刻道记数法是一种简单的线条系统，用来记录数字和数量。每当看到月亮的形状发生变化时，就刻一道新痕迹，这样人类便制作出了世界上第一部阴历。

当时的人们在满月的时候刻一条较长的道。

刻道记数法

刻道记数法是一种简单的记数法。这个方法的最初形式是用线条的数目代表物体的数目。但是这种方法在数字较大的情况下操作非常不方便。想象一下，你必须数100条线，才能知道数目是100。为了使这个方法变得更简便一些，人们开始将刻道进行分组。

第5条刻道是一条斜线，穿过已有的4条竖线。

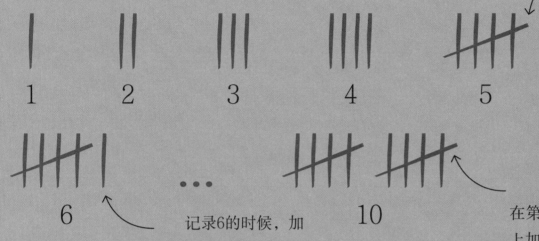

记录6的时候，加一条单独的竖线。

记录10的时候，在第二组的4条刻道上加一条斜线。

点线记数法

随着时间的推移，出现了一个点与线组合的记数法。数字1~4用点代表。数字5~10则是在两点之间分别添加线条，先形成一个正方形，然后添加对角线。最终，这些点和线构成了数字10。

第5条刻道是连接顶部两个点的一条线。

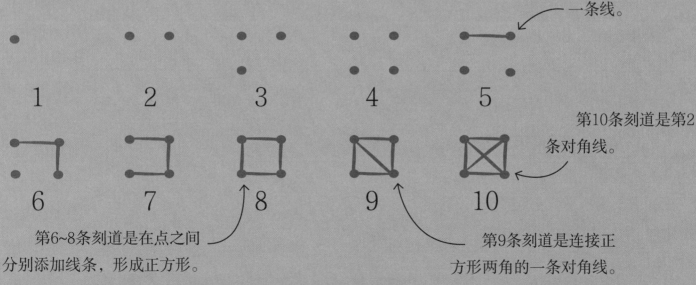

第10条刻道是第2条对角线。

第6~8条刻道是在点之间分别添加线条，形成正方形。

第9条刻道是连接正方形两角的一条对角线。

正字记数法

中国有一种与众不同的记数法，这种方法使用一个笔画为5画的汉字，以5为基数进行计数。西方人也很容易识别这个汉字，因为它的顶部和底部各有一条长横。

这个汉字以水平的长横开始。

继续加笔画，直到有4画。

在底部再加一条水平的长横，就完成了5画。

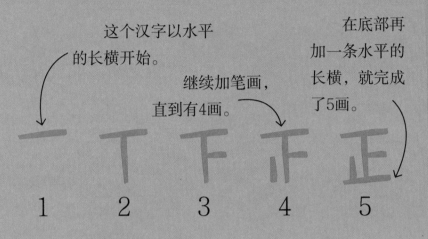

一　丁　下　下　正
1　　2　　3　　4　　5

谜 题

你能算出下面的数字吗？
首先数有多少个5或10。

卌 卌 卌 卌
卌 卌 卌 ||| = ?

⊠ ⊠ ⌐ = ?

正 正 正 一 = ?

试试看
如何使用刻道记数法

刻道记数法是记录某个区域（例如花园或公园）里特定动物种群的好方法。之所以说这个方法好，是因为当你看到一只动物时，画一条线就可以，而不必每次都写一个不同的数字。

试着用刻道记数法记录一小时内你发现的蝴蝶、鸟和蜜蜂的数量。

蝴 蝶	||||
鸟	卌 卌 |
蜜 蜂	卌 ||

真实世界

伊尚戈骨

这根狒狒的腿骨是1960年在现刚果民主共和国发现的。它有20000多年的历史，上面布满了刻痕。它是早期人类运用数学的证据之一，但是我们还不能确定早期人类用这些刻痕记录的是什么。

如何用鼻子计数

每个人都拥有一个计算器，那就是自己的身体。在人类开始使用数字之前，是用手指来计数的。实际上，"digit"这个英文单词源自拉丁语中的"digitus"，它有"手指"和"数码"两个意思。因为我们有10根手指，所以大多数人使用的记数系统是十进制的，还有一些人类文明利用身体的不同部位（甚至包括鼻子）发展出不同的记数系统。

十进制系统

因为当时人们是用手指计数的，所以现在我们使用的是十进制记数系统。英文单词"decimal（十进制的）"来自于拉丁语"decem"，意思是十。十进制系统也被称为基数为10的记数系统，表示以10为一组进行思考和计数。

二十进制系统

美洲的玛雅文明和阿兹特克文明使用基数为20的记数系统，这个系统可能是根据10根手指和10根脚趾计数发展而来的。

六十进制系统

古巴比伦人使用的是以60为基数的记数系统。他们可能是用一只手的拇指触摸其他手指的指节，得到12。另一只手做配合，每根手指代表12，一共5根，共计60。现在，我们仍在使用六十进制系统：每分钟有60秒，每小时有60分钟，这都来源于古巴比伦人的智慧。

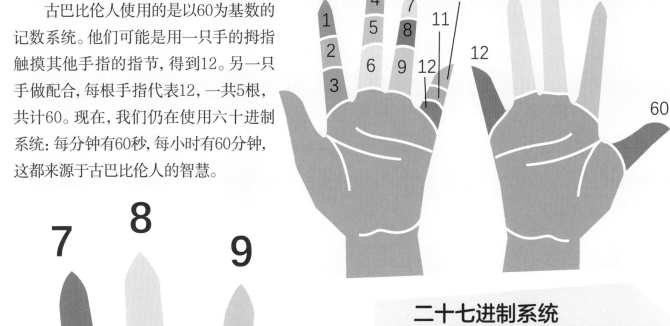

二十七进制系统

巴布亚新几内亚的某些部落使用基于身体部位，以27为基数的记数系统。他们是这样计数的：首先用一只手的手指从1数到5，接着沿着同侧的手腕到肩膀从6数到11，然后沿着同侧的耳朵到鼻子从12数到14，最后沿着另一侧的眼睛到手指从15数到27。

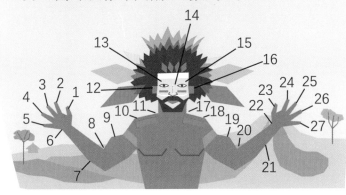

与外星人一起数数

如果外星人有8根手指或触手，则可能会使用八进制系统。他们可以使用这个记数系统进行数学运算，只是看起来与我们的十进制系统不同而已。

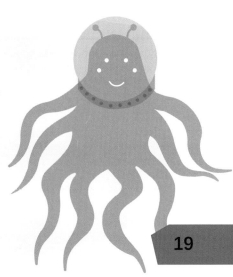

如何数牛

6000多年前，在美索不达米亚平原上，苏美尔文明蓬勃发展，越来越多的人在这片土地上种植小麦，饲养羊和牛等动物。为了记录交易或已缴的税款，聪明的苏美尔商人和收税员发明了一种记数法，比我们穴居祖先的刻道记数法或利用身体部位计数的方法更先进。

1 苏美尔商人和收税员希望记录他们的交易或已缴的税款，因此他们建立了一个记数系统来统计和记录人们的财产。

2 他们用黏土制成小符记，代表动物或其他常见财物。首先清点每个人的财产，然后将适当数目的符记放入空心的湿黏土球中，以便日后检查。一旦黏土球变干变硬，里面的符记就无法被篡改。

商人或收税员如果想知道某个黏土球内有哪些符记，就必须打破这个黏土球。

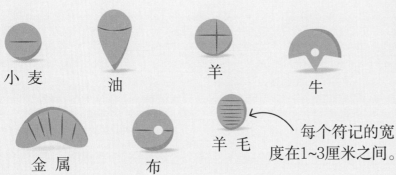

小麦　　油　　羊　　牛

金属　　布　　羊毛

每个符记的宽度在1~3厘米之间。

3 后来，苏美尔人开始在黏土球还潮湿的时候，用符记在球上压印。这样一来，他们无须打破黏土球，就能知道里面有哪些符记。

4 再后来，美索不达米亚地区的人们进一步优化了这个记数系统。他们使用符号来代表数字，这意味着他们可以记录更多的常见物品和动物。

1	2	3	4
5	6	7	8
9	10	11	12

他们使用一种称为"铁笔"的尖头工具，将数字印在黏土板上。

竖标代表1，横标代表10。因此12可以用一个横标和两个竖标来表示。

古代的数字

苏美尔文明并不是唯一发明数字系统的古代文明。在那个时代，还有其他文明社会也在寻找表示数字的方法。古埃及人使用象形文字创建了自己的数字系统，后来古罗马人也使用字母创建了一个数字系统。

埃及象形文字

古埃及人用图画代表文字，这种文字被称为象形文字。约公元前3000年，他们使用象形文字创建了一个数字系统，其中1、10、100等用单独的象形文字表示。

1000的象形文字是一朵莲花。

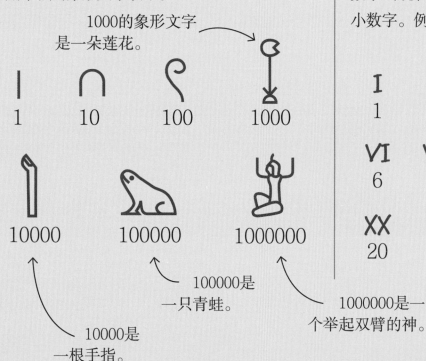

1	10	100	1000

10000	100000	1000000

10000是一根手指。

100000是一只青蛙。

1000000是一个举起双臂的神。

罗马数字

古罗马人用字母创建了自己的数字系统。当小数字出现在大数字的右边时，则用小数字加上大数字。例如，XIII表示10 + 3 = 13。当小数字出现在大数字的左边时，则用大数字减去小数字。例如，IX表示10 - 1 = 9。

I	II	III	IV	V
1	2	3	4	5

VI	VII	VIII	IX	X
6	7	8	9	10

XX	L	C	D	M
20	50	100	500	1000

真实世界

现在的古代数字

人们现在仍在使用罗马数字。例如，英国女王的称号"Queen Elizabeth II（伊丽莎白二世）"中的"II"就是罗马数字2。罗马数字常出现在一些时钟的面盘上，不过时钟上数字4有时写成IIII，而不是IV。

现在的数字

婆罗米数字最早是公元前3世纪从印度的刻道标记发展而来。到了9世纪，它们已经发展成众所周知的印度数字。阿拉伯学者将这些数字变化成西方的阿拉伯数字，并传播到欧洲。随着时间的推移，出现了欧洲形式的印度-阿拉伯数字，也就是当今世界上使用最广泛的数字系统。

这个数字逐渐演变为我们现在经常使用的数字9。

婆罗米数字从简单的横线标记开始。

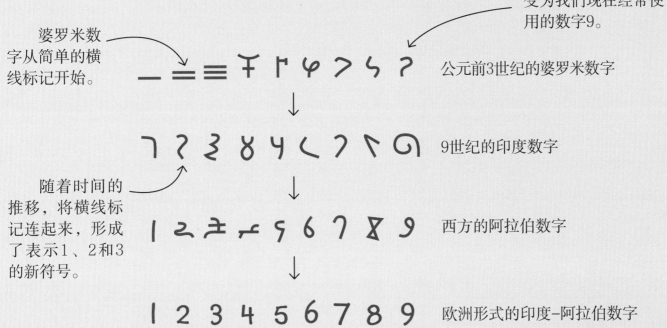

公元前3世纪的婆罗米数字

9世纪的印度数字

随着时间的推移，将横线标记连起来，形成了表示1、2和3的新符号。

西方的阿拉伯数字

1 2 3 4 5 6 7 8 9　欧洲形式的印度-阿拉伯数字

试试看
如何写你的生日

英国著名埃及学先驱霍华德·卡特出生于1874年5月9日。他应该如何用埃及象形文字或罗马数字写自己的生日呢？

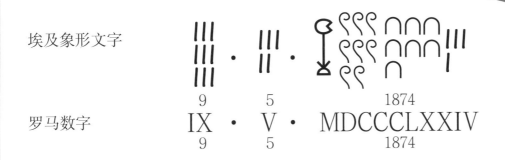

埃及象形文字

9	5	1874

罗马数字

IX · V · MDCCCLXXIV

9	5	1874

现在，请用埃及象形文字或罗马数字写一写你的生日。

如何将"无"变为一个数字

从"无"的抽象概念发展到实际的数字"0"用了很长时间,这个过程汇集了世界各地的文明成果。数字"0"在现代的位值制中至关重要。在这个系统中,数字在一个数中的位置表明它的值。例如,在110这个数中,0表示有0个1,而在101这个数中,0表示有0个10。但是0本身也是一个数字,我们可以对它进行加法、减法和乘法运算。

空格

古巴比伦人是最早使用位值制记数法来书写数字的,因为他们并未想到0是一个数字,所以记录的数字中没有0,不过他们在应该是0的地方留了一个空格。但是这样会使一些数字混淆。例如,他们会以完全相同的方式写101和1001这两个数字。

$$11 = 11$$

$$1\ 1 = 101\ 还是\ 1001?$$

如果没有0,则很难知道数字的大小!

公元前2000年

公元前500年

不需要0

古罗马人的记数系统不需要0,也从未想到0的概念。他们使用字母代表数字,而不是使用位值制。这意味着他们不需要用0就可以写出像1201这样的数字:

MCCI = 1000 + 100 + 100 + 1 = 1201。

$$CI = 100 + 1$$
$$MI = 1000 + 1$$

毫无头绪的计算

古希腊也没有代表0的数字。古希腊哲学家亚里士多德不喜欢0的概念，因为当他试图用一个数除以0时，陷入了困境。

玛雅人的贝壳

古代玛雅文明用贝壳代表0，但不是作为一个数字，而是作为一个占位符，类似于古巴比伦人在数字之间留出的空格。

公元前350年

公元前1世纪

628年

你知道吗?

除以0

除以0是一项不可能完成的任务。将一个数除以0就相当于将这个数分成多个等份，每份0个。但是这样的等份无论有多少个，它们的和只能等于零，而无法得到原来的被除数。所以在算术运算中不能除以0。

0的运算规则

印度数学家婆罗摩笈多是第一个将0视为数字的人，他提出了0的运算规则：

一个数加0后，这个数不变。

一个数减0后，这个数不变。

一个数乘0等于0。

0除以0等于0。

除了第四个规则，前三个规则现在仍然在使用，因为我们知道在算术运算中不能除以0。

0的传播

在巴格达（现伊拉克首都）生活和工作的阿尔·花剌子米写了许多关于数学的书。他使用的是印度数字系统，这个系统中包含0这个数字。他的书被翻译成多种语言出版，促进了0是一个符号、也是一个数字这个概念的传播。

0在北非

在北非旅行的阿拉伯商人向来自世界各地的商人传播了0的概念。欧洲的商人此时仍在使用烦琐的罗马数字，但是他们很快采用了0这个数字。

9世纪

11世纪

12世纪

无谓的愤怒

意大利数学家斐波纳奇在北非旅行时听说过0，并在他的《计算之书》中对此进行了描述。他的做法激怒了宗教领袖，因为宗教领袖将0或虚无与邪恶联系在了一起。1299年，意大利当局担心使用数字0会鼓励人们犯欺诈罪，因为0很容易被改为9，于是在佛罗伦萨禁止使用0。但是0这个数字太方便了，人们私下里仍然使用它。

写 0

此时,中国已经建立了独立的数字系统。从8世纪前后开始,中国的数学家们就用空格代表0。到了13世纪,他们开始用圆圈代表0。

计算机语言

如果没有0,现代的计算机、智能手机和数字技术就不可能存在。这些技术使用二进制代码,将指令转换为由数字0和1组成的数列。

13世纪

17世纪

现在

新进展

到了16世纪,印度-阿拉伯数字系统被欧洲各地采用,0也开始被普遍使用。以前,使用烦琐的罗马数字不能进行复杂的计算,而0使这样的计算成为可能,从而帮助17世纪的艾萨克·牛顿和一些数学家们的研究取得了巨大进展。

你知道吗?

0 年

在公元2000年开始的时候,世界各地都举行了庆祝活动,以庆祝新千年的开始,但是许多人说庆祝提前了一年。因为公元纪年中没有0年,所以他们认为新千年应该是从2001年1月1日开始。

$$x^2 - 3x - 4 = 0$$
$$4x^2 - 3x - 1 = 0$$
$$\int_0^{\frac{2\pi}{5}} - \int_0^a \frac{ar}{\sqrt{a^2 - ar}}$$

1 中国古代商人发明了一个记数系统。他们用红色算筹代表收入，用黑色算筹代表支出，然后将算筹放在竹制计算板上，计算结果。

如何进行负数运算

　　古代中国是已知最早使用负数的国家。古代中国商人使用象牙或竹子制成的算筹来记录交易，避免陷入债务纠纷。他们用红色算筹代表正数，用黑色算筹代表负数。现在西方的记数系统使用相反的颜色，如果有人欠钱，就说他们陷入了"财政赤字"。后来，印度数学家也开始使用负数，但有时他们会使用"+"来表示负数，这与我们现在的做法相反。

3 在这一列（个位）中，采用纵式。一根竖算筹代表数字1，数字2~5由相应数目的竖算筹代表。一根横算筹代表数字5，一根横算筹加相应数目的竖算筹分别代表数字6~9。

纵式数字

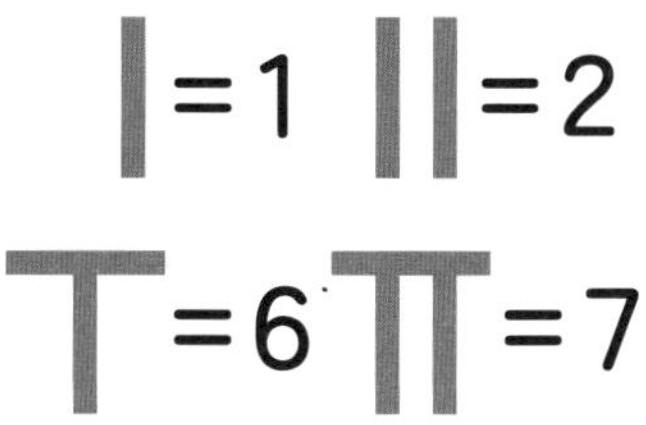

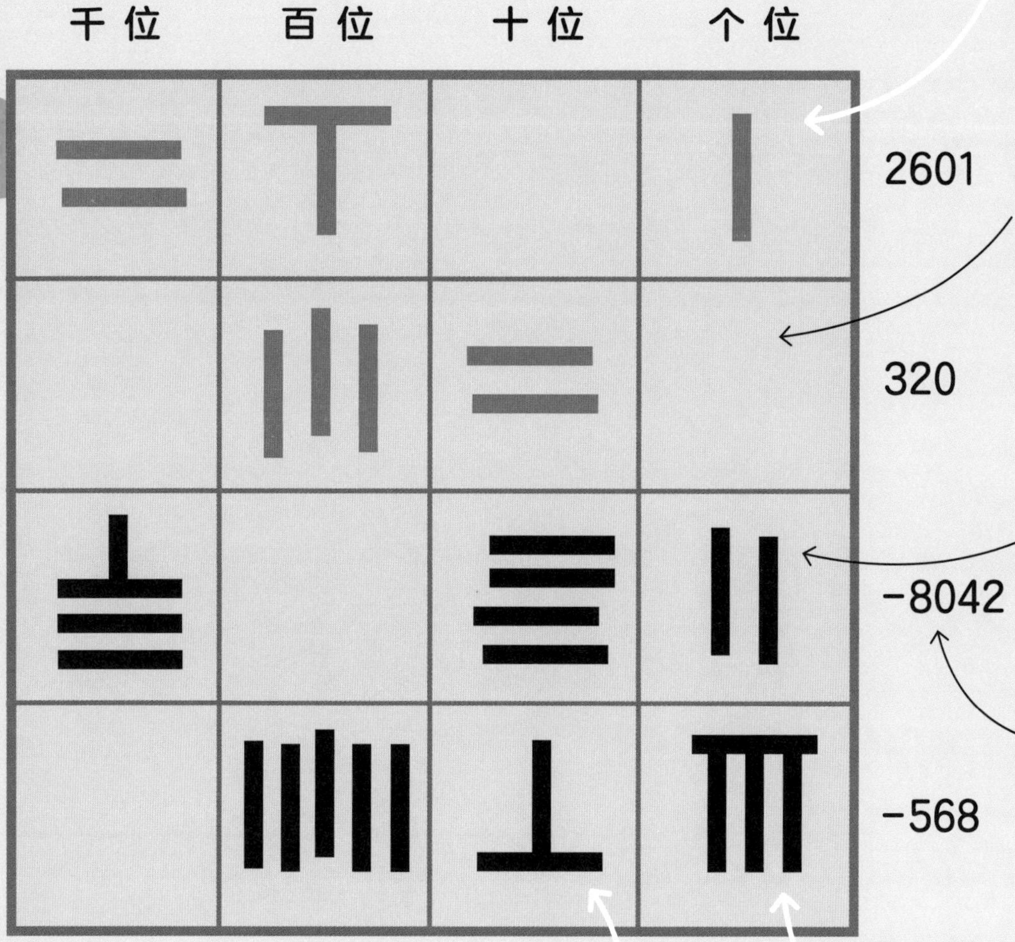

| = 1 ‖ = 2

丅 = 6 ⊤ = 7

千 位　　百 位　　十 位　　个 位

2601

320

-8042

-568

在发明数字0之前，人们用空格代表零。

这个位值制记数系统与我们现在的记数系统非常相似。这一列中的两根竖算筹代表数字2，如果它们出现在百位格子里，则代表200。

这一行算筹代表8个千、0个百、4个十和2个一。算筹是黑色的，表示这个数是负数，所以它代表的数是-8042。

4 在下一列（十位）中，采用横式。数字1~5由相应数目的横算筹代表。一根竖算筹代表数字5。横算筹与竖算筹组合可以代表数字6~9。在下一列（百位）中，算筹将再次采用纵式。因此，表示多位数时，个位用纵式，十位用横式，百位用纵式，千位用横式，以此类推。

横式数字

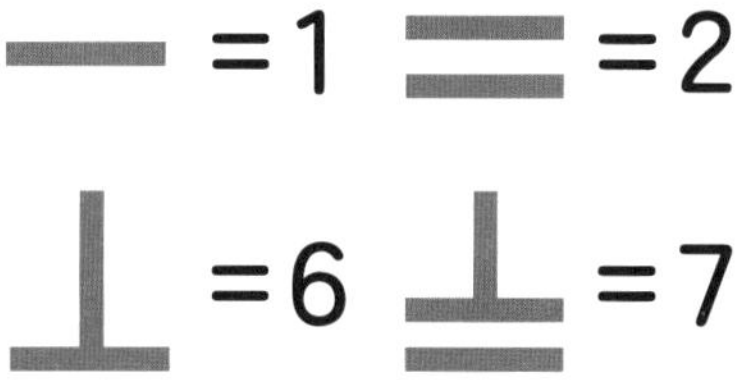

— = 1 ＝ = 2

⊥ = 6 ⊥ = 7

5 这个系统用红色算筹代表正数（收入），黑色算筹代表负数（支出）。

如何进行负数运算

进行负数运算最简单的方法是在数轴上画出负数。数轴的中点是数字0，0右边的数均为正数，而0左边的数均为负数。如今，我们习惯在数字前加"−"表示负数。

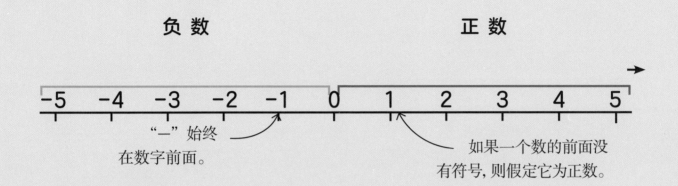

负 数　　　　　　　　　　正 数

"−"始终
在数字前面。

如果一个数的前面没
有符号，则假定它为正数。

正数与负数的加法

任何数加正数时，都会使这个数沿数轴向右移动。任何数加负数时，都会使这个数沿数轴向左移动，这与减去等值的正数相同。正数加负数时，如果答案在0的右边，则答案是正数；如果答案在0的左边，则答案是负数。

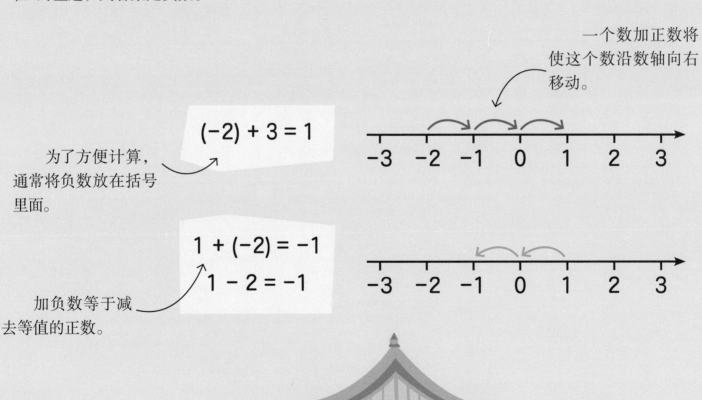

一个数加正数将
使这个数沿数轴向右
移动。

$$(-2) + 3 = 1$$

为了方便计算，
通常将负数放在括号
里面。

$$1 + (-2) = -1$$
$$1 - 2 = -1$$

加负数等于减
去等值的正数。

正数与负数的减法

负数减正数的运算方式与正常的减法运算相同，数字沿数轴向左移动。但是，一个数（无论是正数还是负数）减去负数，就会造成"双负数"，在这种情况下，两个减号相互抵消，实际上相当于加一个正数。

负数减正数的运算与正常的减法运算相同。

$$(-1) - 2 = -3$$

-3 -2 -1 0 1 2 3

两个减号相互抵消，产生了一个加号。

$$(-2) - (-4) = 2$$
$$(-2) + 4 = 2$$

-3 -2 -1 0 1 2 3

试试看
极端温度

地球上的温度变化很大。1913年7月10日，在美国加利福尼亚的死亡谷测得的最高气温约为57℃（134℉）。1983年7月21日，在南极的沃斯托克站测得的最低气温约为-89℃（-128℉）。

最高和最低气温记录之间的差是多少？

较大的数减去较小的数等于两个数之间的差。

要得到以℃为单位的答案，你需要计算57-(-89)。要得到以℉为单位的答案，你需要计算134-(-128)。请分别计算这两种温标的最高气温和最低气温之间的差。

真实世界

海平面

我们使用负数来描述海平面以下的位置。阿塞拜疆共和国的首都巴库位于海平面以下28米处，我们说它的海拔为-28米。巴库是世界上海拔最低的首都。

如何向公民征税

从超市的促销降价到电池的电量，百分比可以让你快速地比较两个数字。自古以来，人们会在征税时运用百分比。在古罗马时代，为了给罗马帝国的军队筹集资金，每个拥有财产的人都必须纳税。因为每个人拥有的财产数量各不相同，所以征收相同金额的税款是不公平的。因此，税务官决定从每个人那里征收其财产的一百份中的一份，也就是百分之一。

2 这个人很穷，他从自己的财产中拿出百分之一交给税务官。

这个人交的税款很少，只有一枚硬币。

1 税务官查明每个人拥有多少财产，并征收其财产的百分之一作为赋税。

他拥有的硬币数量很少。

做数学题
百分比

百分比由符号"%"或术语"percent（百分之）"表示。"percent"来自于拉丁语，意思是"每100个"或"100中的"。如果在100枚硬币中，有一枚是金币，我们则说1%的硬币是金币。

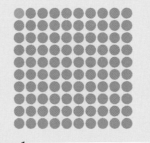

$\frac{1}{100}$ 相当于1%

$\frac{75}{100}$ 相当于75%

3 这个人也将他财产的百分之一交给了税务官，由于他比第一个人富有，所以他交的税款比第一个人多。

4 与其他人一样，这位富有的人也交给税务官她财产的百分之一。虽然这笔税款比其他两个人要多很多，但是在她的全部财产中所占的比例却与其他人相同。

他交的税款比穷人多，但比富人少。

在这三个人中，这位女士交的税款最多。

这个人的财产比左边的穷人多，但比右边的富人少。

因为在这三个人中，她最富有。

要计算每个人应交的税款，只需将他们各自拥有的硬币总数除以100，即可得出1%的硬币数。这是一个相对公平的制度，因为他们都交了相同比例的硬币，而不是交相同数量的硬币。

100枚硬币的1%
=1枚硬币

3000枚硬币的1%
=30枚硬币

10000枚硬币的1%
=100枚硬币

全部成比例

假设罗马皇帝总共征收了250000枚硬币的税款。他希望将其中的20%用于修建道路，其余的80%用于装备军队。那么在250000枚硬币中，将有多少枚硬币会花在修建道路上？又有多少枚硬币会用于装备军队？

谜 题

如果一款游戏促销降价25%，目前的价格是24英镑，那么这款游戏的原价是多少？

首先，将250000分成100等份，得到总额的1%：

$$250000的1\% = 250000 \div 100 = 2500$$

然后用2500乘百分比中所占的份数，在这个例子中是20：

$$2500 \times 20 = 50000$$

这就是罗马皇帝在修建道路上要花费的金额。

接下来，你需要从罗马皇帝的总金额250000枚硬币中减去在修建道路上花费的50000枚硬币：

$$250000 - 50000 = 200000$$

剩下的200000枚硬币可以用于装备军队。

百分比的反向计算

如果罗马皇帝决定将征收税款的40%用于建造一座雕像，这部分税款是16000枚硬币，那么他征收的总税款是多少？

要计算总税款，你需要先算出1%是多少，然后用答案乘100，就能得到总税款。

因为16000所占的比例是40%，用其除以40，就可以得出总税款的1%：

$$16000 \div 40 = 400$$

然后乘100：

$$400 \times 100 = 40000$$

罗马皇帝征收的总税款是40000枚硬币。

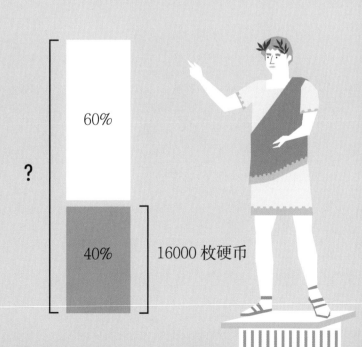

60%

?

40% ⎫ 16000 枚硬币

试试看
如何比较价格

比较超市里某种商品的价格，最好的方法是计算每件商品的单价，比如每克的价格。500克冰淇淋的价格通常为3.90英镑，超市里现有两种优惠。优惠A和优惠B哪个更划算？

优惠A

500克冰淇淋，免费附赠50%，总量为750克，价格为3.90英镑。

免费附赠50%

优惠B

500克冰淇淋，原价为3.90英镑，现降价40%。

降价40%

想要比较这两种优惠哪种更划算，最简单的方法是计算1克冰淇淋的价格。

优惠A:

冰淇淋总量为

500克 + 免费附赠50%（250克）= 750克。

单价 = 总价格 ÷ 总量 = 3.90英镑 ÷ 750克 = 0.0052英镑/克。

优惠B:

你需要先计算500克冰淇淋的现价，也就是降价40%后的价格：

降价40%后的价格 = 原价的60% = 0.6 × 3.90英镑 = 2.34英镑。

然后计算单价：

单价 = 总价格 ÷ 总量 = 2.34英镑 ÷ 500克 ≈ 0.0047英镑/克。

在这两种优惠中，优惠B降价40%比优惠A免费附赠50%冰淇淋更划算。

下次购物时，找一找看起来比实际价值更高的优惠！

注：英镑为英国的本位货币。

真实世界

体育成就

体育评论员有时会使用百分比来表示运动员的表现。例如，在网球比赛中，他们经常谈论发球成功率。发球成功率越高，就意味着运动员的表现越出色。

如何使用分数和小数

分数和小数让我们可以表示和简化非整数。分数和小数是两种不同的表达方式，但表示的是相同的数值。是用分数还是用小数来表示某个数字，得根据具体情况而定。

分 数

如果你想表示一个整量或整数的一部分，可以用分数。分数由分母（表示整体一共被分成多少份）和分子（表示占多少份）组成。如果你将比萨饼切成两等份，则每份是比萨饼的 $\frac{1}{2}$。如果你将比萨饼切成三等份，则每份是比萨饼的 $\frac{1}{3}$。如果你将比萨饼切成四等份，则每份是比萨饼的 $\frac{1}{4}$。

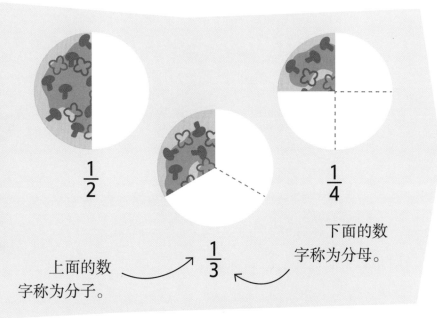

$\frac{1}{2}$

$\frac{1}{3}$

$\frac{1}{4}$

上面的数字称为分子。

下面的数字称为分母。

小 数

假如一场100米赛跑，有四名运动员参加，他们都在10秒时越过了终点线，你不知道谁赢了。别担心，小数可以帮助你更加准确地找到答案。如果你知道他们分别在10.2、10.4、10.1和10.3秒时越过了终点线，那么你就能确定每个人的名次。

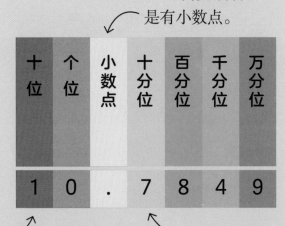

小数的特征是有小数点。

十位	个位	小数点	十分位	百分位	千分位	万分位
1	0	.	7	8	4	9

小数点左边的数字代表整数部分。

小数点右边的数字代表小于1的部分。

我们用一个矩形表示整数1。

将矩形从中间切开，分成两等份，每份可以写成$\frac{1}{2}$或0.5。

1

$\frac{1}{2}$ 或 0.5　　$\frac{1}{2}$ 或 0.5

$\frac{1}{3}$ 或 0.333······　　$\frac{1}{3}$ 或 0.333······　　$\frac{1}{3}$ 或 0.333······

$\frac{1}{4}$ 或 0.25　　$\frac{1}{4}$ 或 0.25　　$\frac{1}{4}$ 或 0.25　　$\frac{1}{4}$ 或 0.25

$\frac{1}{5}$ 或 0.2　　$\frac{1}{5}$ 或 0.2　　$\frac{1}{5}$ 或 0.2　　$\frac{1}{5}$ 或 0.2　　$\frac{1}{5}$ 或 0.2

$\frac{1}{6}$ 或 0.1666······　　$\frac{1}{6}$ 或 0.1666······　　$\frac{1}{6}$ 或 0.1666······　　$\frac{1}{6}$ 或 0.1666······　　$\frac{1}{6}$ 或 0.1666······　　$\frac{1}{6}$ 或 0.1666······

$\frac{1}{7}$ 或 0.1428······　　$\frac{1}{7}$ 或 0.1428······　　$\frac{1}{7}$ 或 0.1428······　　$\frac{1}{7}$ 或 0.1428······　　$\frac{1}{7}$ 或 0.1428······　　$\frac{1}{7}$ 或 0.1428······　　$\frac{1}{7}$ 或 0.1428······

$\frac{1}{8}$ 或 0.125　　$\frac{1}{8}$ 或 0.125　　$\frac{1}{8}$ 或 0.125　　$\frac{1}{8}$ 或 0.125　　$\frac{1}{8}$ 或 0.125　　$\frac{1}{8}$ 或 0.125　　$\frac{1}{8}$ 或 0.125　　$\frac{1}{8}$ 或 0.125

$\frac{1}{9}$ 或 0.111······　　$\frac{1}{9}$ 或 0.111······　　$\frac{1}{9}$ 或 0.111······　　$\frac{1}{9}$ 或 0.111······　　$\frac{1}{9}$ 或 0.111······　　$\frac{1}{9}$ 或 0.111······　　$\frac{1}{9}$ 或 0.111······　　$\frac{1}{9}$ 或 0.111······　　$\frac{1}{9}$ 或 0.111······

$\frac{1}{10}$ 或 0.1　　$\frac{1}{10}$ 或 0.1　　$\frac{1}{10}$ 或 0.1　　$\frac{1}{10}$ 或 0.1　　$\frac{1}{10}$ 或 0.1　　$\frac{1}{10}$ 或 0.1　　$\frac{1}{10}$ 或 0.1　　$\frac{1}{10}$ 或 0.1　　$\frac{1}{10}$ 或 0.1　　$\frac{1}{10}$ 或 0.1

将矩形分成10等份时，每一份可以写成$\frac{1}{10}$或0.1。

分数中的这条线被称为分数线。

如何求未知数

如果你不能解答某些数学题，那么代数可以给你提供帮助！代数是数学的一部分。在代数中，我们用字母或其他符号来代表未知数。你可以用自己所掌握的代数规则来求未知数的值。代数思维在很多学科（例如工程学、物理学和计算机科学）中都至关重要。

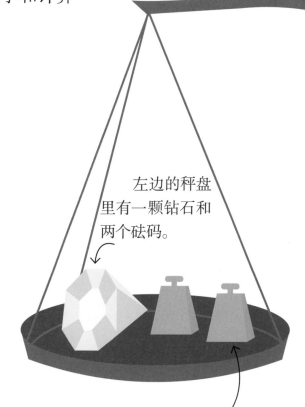

左边的秤盘里有一颗钻石和两个砝码。

两只秤盘里每个砝码的重量相同。

代 数

英文单词algebra（代数）是以阿拉伯语al-jabr命名的，它的意思是"断裂部分的重聚"。这个词出现在数学家阿尔·花剌子米于公元820年左右写的一本书的书名中。阿尔·花剌子米在巴格达生活和工作。他带来了一个全新的数学分支，我们现在将其称为"代数"。

测量药物

想要治愈患者，使用正确的药物剂量至关重要。代数可以帮助医生评估患者的疾病和健康状况、不同药物的有效性以及可能影响患者康复的其他因素，并计算出正确的药物剂量。

你有一包糖果。你的朋友拿走其中的六块后，你只剩下了原来的三分之一。你原来有多少块糖果？

道路上的"代数"

代数使计算机和人工智能控制无人驾驶汽车成为可能。无人驾驶汽车根据计算机记录的车速、行驶方向和周围环境等信息，用代数来精确计算何时可以安全地转向、刹车、停车或加速。

在代数方程中，左右两侧保持平衡。

右边的秤盘里有六个砝码。

平衡

代数方程可以看作是一架天平。无论我们在一侧的秤盘里放多少重量，都必须在另一侧的秤盘里放同样的重量，这样天平才能保持平衡。在图示的例子中，我们知道钻石加两个砝码的重量等于六个砝码的重量。利用代数，我们可以证明钻石的重量等于四个砝码的重量。

如果我们从秤的两侧分别取走两个砝码，秤依然保持平衡，这就证明钻石的重量等于四个砝码的重量。

我们用 x 代表钻石的重量。

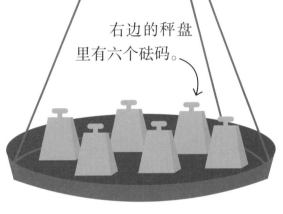

$$x + 2 = 6$$
$${-2}\downarrow \quad {-2}\downarrow$$
$$x = 4$$

为了求 x，我们分别从等式的两边减去2。

最后，我们用代数方程计算得出 $x = 4$。

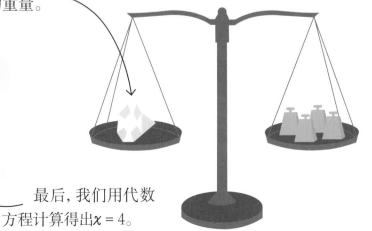

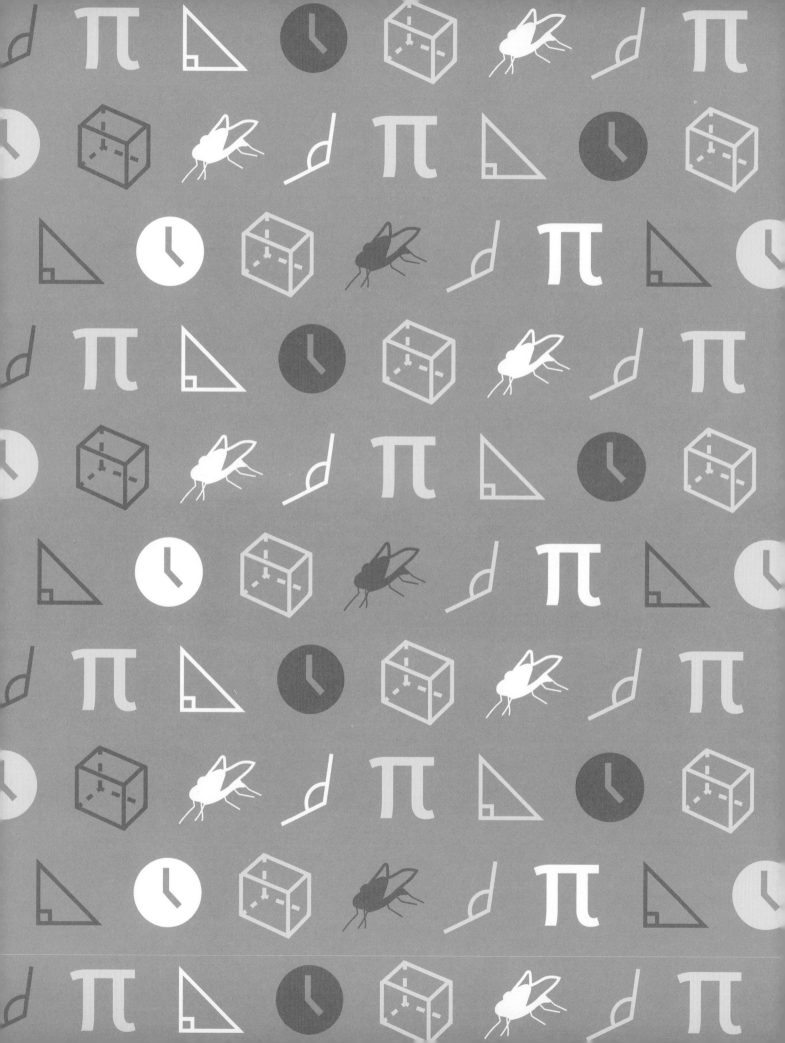

形状与测量有什么用？

　　如果没有研究形状、尺寸和空间的几何学，我们就不可能了解周围的世界。纵观古今，几何学一直是人们研究的重点。随着人们对几何学的研究不断深入，测量长度、面积、体积以及时间的方法变得越来越精确。如今，古代几何学的思想和理论仍然在各个领域中沿用，包括全球定位系统的原理和应用、建筑工程中精美的结构设计等。

如何塑造形状

研究形状、大小和空间的几何学是数学最古老的分支之一。早在4000年前，古巴比伦人和古埃及人就开始研究几何学。公元前300年左右，古希腊数学家欧几里得将几何学的主要公理加以系统化。几何学是建筑和天文学等众多领域的重要组成部分。

蜜蜂建筑师

蜜蜂用蜂蜡制成正六边形蜂巢，给发育中的幼蜂居住并储存食物。正六边形是一种理想的形状，因为它们可以完美地契合在一起，最大程度地节省空间，并且使用了较少的蜂蜡。整体形状为正六边形的蜂巢非常坚固，因此蜂巢内或蜂巢外的任何冲击力（例如蜜蜂运动的力和风力）都会被均匀承担。

蜜蜂最初制作的蜂巢是圆柱状的，但蜜蜂的体温使蜂蜡融化，最后变成了正六边形。

圆 形

二维图形，其圆周上的每个点到圆心的距离（也就是半径）都相等。

三角形

二维图形，具有3条边。无论三条边的长度如何，三角形的内角和都是180°。

正方形

二维图形，具有4条边。正方形的边长相等，每个内角均为90°。

五边形

二维图形，具有5条边。正五边形的边长相等，每个内角均为108°。

球 体

三维几何体，其表面上的每个点到球心的距离都相等。

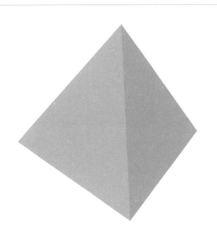

锥 体

三维几何体，具有多个三角形侧面，底面可以是三角形、正方形或其他形状。

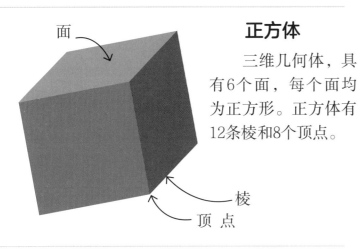

正方体

面

三维几何体，具有6个面，每个面均为正方形。正方体有12条棱和8个顶点。

棱

顶 点

正十二面体

三维几何体，具有12个面，每个面均为正五边形。正十二面体有30条棱和20个顶点。

合适的形状

几何学可以帮助我们"找"到合适的形状。想象一下，你踢一个立方体形状的"球"，当然很难将其踢进球门！无论是人类设计的事物，还是自然界中进化的事物，我们周围的形状有些已经固定并且很完美了，有些还在不断改进中。

漂亮的图案

当很多几何形状组合起来，覆盖整个平面或填充整个空间，而且它们之间不留空隙、也不重叠时，称为"镶嵌"。镶嵌可以是装饰性的，例如马赛克；也可以是实用性的，例如将砖块交叠垒起来，以增加墙的稳定性。

反射对称

如果一个二维图形可以被一条直线分割成两个互为镜像的部分，我们称其为反射对称，这条线称为对称轴。二维对称图形可以有一条或多条对称轴。

如果一个三维几何体可以被一个平面分割成两个互为镜像的部分，我们称其为反射对称，这个平面称为对称面。三维几何体可以有一个或多个对称面。

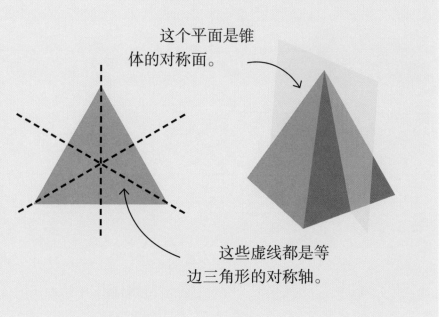

这个平面是锥体的对称面。

这些虚线都是等边三角形的对称轴。

如何利用对称性

如果一个二维图形或三维几何体可以被分割成两个或更多个相同的部分，则可以说它具有对称性。从一片花瓣到一片雪花，自然界中到处都可以看到对称的事物。对称的简单性和有序性使它在视觉上更具有吸引力，因此艺术家、设计师和建筑师经常将对称性应用于设计中。

建筑中的对称性

建筑师希望他们设计的建筑物尽可能对称。印度的泰姬陵从正面看是完全对称的，从上方俯视也是如此。围绕泰姬陵的四座大塔被称为宣礼塔，它们与主体建筑物遥相呼应。

旋转对称

当几何图形绕固定点旋转一定的角度后，与初始的图形重合，这种图形就叫作旋转对称图形。对于二维图形，旋转是围绕一个点的转动。对于三维几何体，旋转是围绕一条直线（也称为旋转轴）的转动。旋转一周（360°）时出现相同形状的次数称为阶次。

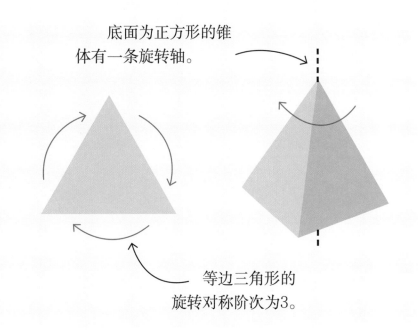

底面为正方形的锥体有一条旋转轴。

等边三角形的旋转对称阶次为3。

自然界中的对称性

自然界中充满了具有对称性的事物。人体几乎是对称的；当水汽凝华成雪花时，会形成六角形的对称冰晶；海星的旋转对称阶次为5，它们可以很自由地向不同的方向移动，便于寻找食物或受到威胁时逃跑。

你知道吗？

无限对称性

圆形和球体都具有无限的反射对称性和旋转对称性，因为它们是完全对称的形状。

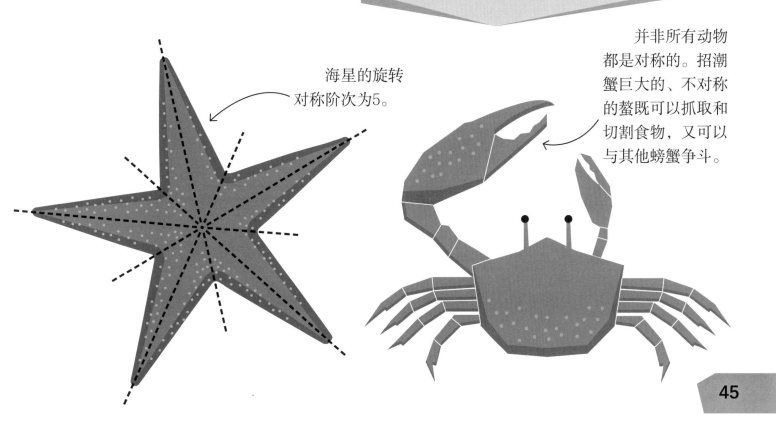

海星的旋转对称阶次为5。

并非所有动物都是对称的。招潮蟹巨大的、不对称的螯既可以抓取和切割食物，又可以与其他螃蟹争斗。

如何测量金字塔的高度

如果你的尺子不够长，那么该如何测量一个物体的高度呢？答案是利用直角三角形，这是人们在几千年前就发现的方法。古埃及的胡夫金字塔用超过230万块石块砌成，体积非常庞大。当古希腊数学家泰勒斯于约公元前600年访问埃及时，他询问埃及祭司：胡夫金字塔究竟有多高？埃及祭司并没有告诉他。因此，他决定自己寻找答案。

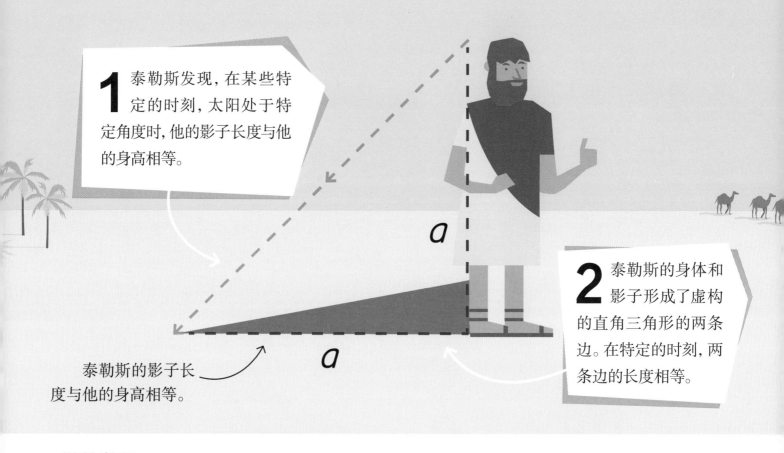

1 泰勒斯发现，在某些特定的时刻，太阳处于特定角度时，他的影子长度与他的身高相等。

泰勒斯的影子长度与他的身高相等。

2 泰勒斯的身体和影子形成了虚构的直角三角形的两条边。在特定的时刻，两条边的长度相等。

做数学题
直角三角形

泰勒斯的测量结果之所以正确，是因为太阳光线、他的身体和他的影子形成了一个虚构的直角三角形。直角三角形有一个90°的角，也就是直角；其他两个角的和为90°。如果三角形的两个角相等，则两条边也一定相等。

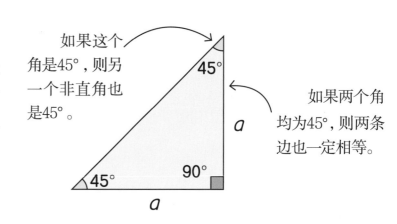

如果这个角是45°，则另一个非直角也是45°。

如果两个角均为45°，则两条边也一定相等。

3 泰勒斯意识到，所有物体包括胡夫金字塔都有影子，能形成虚构的三角形的两条边。胡夫金字塔的高度是这个虚构的三角形的一条边，另一条边是它的影子长度加上底边长度的一半。在特定的时刻，这两条边的长度相等。

无论何时，太阳的光线差不多都是平行的，这意味着光线以相同的角度照射泰勒斯和胡夫金字塔。

?

b

胡夫金字塔的侧面是斜坡，因此我们需要用底边长度的一半加上影子的长度。

4 虚构的三角形的这两条蓝色边相等，因此通过测量影子长度和胡夫金字塔底边长度的一半，泰勒斯就可以算出胡夫金字塔的高度了。

当太阳光以45°照射时，光线形成三角形的斜边。泰勒斯知道，这时其他两条边的长度（a）相等，也就是说，他的影子长度和他的身高相等。胡夫金字塔的情形也是一样的。他测量了胡夫金字塔的影子长度，然后加上胡夫金字塔底边长度的一半，得到总长度为146.5米，所以胡夫金字塔的高度为146.5米。

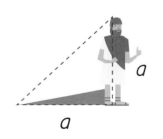

如果 a = a 意味着1.7米 = 1.7米。

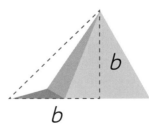

那么 b = b 就意味着146.5米 = 146.5米。

相似三角形

后来，另一位古希腊数学家喜帕恰斯进一步发展了泰勒斯的思想。喜帕恰斯意识到，即使三角形的斜边与其他两条边不成45°角，依然可以利用三角形来计算物体的高度。

例如，我们可以在白天的任何时刻，通过比较人的影子长度和胡夫金字塔的影子长度，来计算胡夫金字塔的高度。这两个影子构成了两个相似三角形。相似三角形的大小不一定相等，但它们具有相等的边长比例和相等的角。

1.8米

3.6米

?

293米

代表喜帕恰斯的身高和影子长度的三角形。

a

y

代表胡夫金字塔的高度和影子长度加上其底边长度一半的三角形。

b

z

由于喜帕恰斯的虚构三角形与胡夫金字塔的虚构三角形是相似三角形，因此知道其中一个三角形的高度我们就可以计算出另一个三角形的高度。

我们可以用公式计算胡夫金字塔的高度。这个公式显示，在一天的同一时间，喜帕恰斯的身高 a 除以他的影子长度 y 等于胡夫金字塔的高度 b 除以它的影子长度加底边长度的一半 z。

我们可以将这个公式变换形式，以计算未知数 b（胡夫金字塔的高度）。要计算 b，你需要用 a（喜帕恰斯的身高）除以 y（喜帕恰斯的影子长度），然后乘 z（胡夫金字塔的影子长度加上其底边长度的一半）。

这是喜帕恰斯的身高。

这是未知的胡夫金字塔的高度。

$$\frac{a}{y} = \frac{b}{z}$$

这是喜帕恰斯的影子长度。

这是胡夫金字塔的影子长度加上其底边长度的一半。

$$\frac{a}{y} \times z = b$$

$$\frac{1.8}{3.6} \times 293 = 146.5 \text{（米）}$$

这是胡夫金字塔的高度。

手机三角定位法

如今，三角形仍用于测量距离。你手机所在的位置可以用"三角测量法"实现精确定位。一座信号塔可以知道你的手机距离它有多远，但并不知道你在哪个方向。但是，如果三座不同的信号塔知道你的手机距离它们有多远，并且每座信号塔都用它知道的距离为半径画一个圆，则三个圆的重叠部分就是你手机所在的位置。

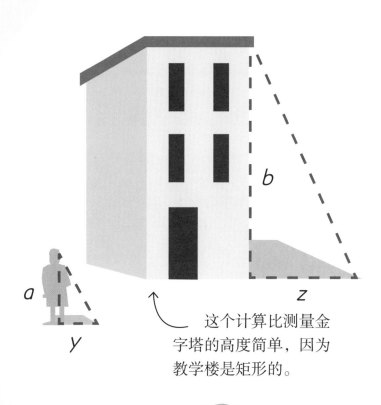

这个计算比测量金字塔的高度简单，因为教学楼是矩形的。

试试看
测量你的学校

在阳光明媚的一天，学校教学楼的影子是4米长，而你的影子是0.5米长。如果你的身高是1.5米，那么教学楼有多高？

将这些数字代入公式中。

$$b = \frac{a}{y} \times z = \frac{1.5}{0.5} \times 4 = 12 \text{（米）}$$

因此，教学楼的高度是12米。

现在，你可以试一试测量自己家房屋的高度。

利用三角形来测量

喜帕恰斯是一位出色的地理学家、天文学家和数学家，被称为"三角学之父"。三角学是数学的一个分支，主要研究三角形以及三角形中边与角之间的联系。三角学也是测量学的基础。如今，从设计建筑物到太空研究，很多领域都在运用三角学。

如何测量土地面积

在古埃及，尼罗河两岸每年都会发生洪灾。洪水之后，农民的田地被冲毁。他们需要找到一种方法来确保每位农民都能得到与发生洪水之前面积相同的土地，但是他们该如何测量呢？

1 尼罗河是古埃及人的生活中心。每次洪水暴发都带来富含矿物质的淤泥，在一定程度上改善了农田的土质，但这也让每位农民拥有固定的土地变得非常困难。

做数学题
计算面积

通过将绳子拉成直角三角形的办法，古埃及人便可以算出每块土地的面积。这种方法有助于他们进行精确的测量。

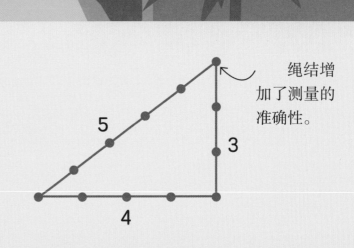

绳结增加了测量的准确性。

5

3

4

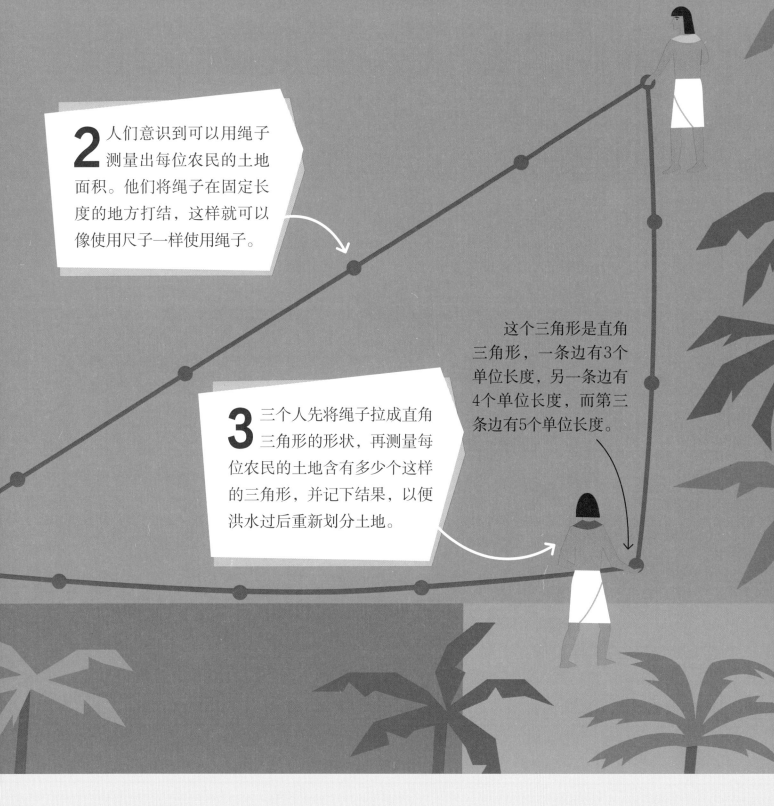

2 人们意识到可以用绳子测量出每位农民的土地面积。他们将绳子在固定长度的地方打结，这样就可以像使用尺子一样使用绳子。

这个三角形是直角三角形，一条边有3个单位长度，另一条边有4个单位长度，而第三条边有5个单位长度。

3 三个人先将绳子拉成直角三角形的形状，再测量每位农民的土地含有多少个这样的三角形，并记下结果，以便洪水过后重新划分土地。

古埃及人知道，要得到三角形的面积，需要将底边长乘高度，再除以2。因此，如果每两个绳结之间的长度均为1个单位，则：

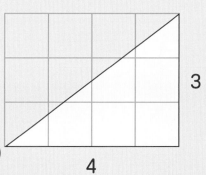

$$三角形面积 = \frac{4 \times 3}{2} = 6 \ (单位^2)$$

他们知道每个三角形有6个平方单位，可以将所需数目的三角形拼凑在一起，就能测量出每位农民在发生洪水之前所拥有的土地面积。

三角形与矩形

矩形的面积是用长乘宽来计算的。如果一个三角形的高和底边长与一个矩形的宽和长分别相等，那么这个三角形的面积是这个矩形面积的一半。

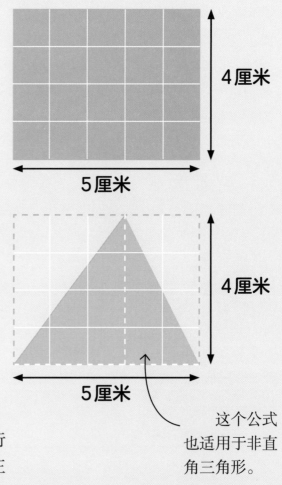

矩形面积 = 长×宽

$5 \times 4 = 20$ （厘米²）

三角形面积 = $\dfrac{（底边长×高）}{2}$

$\dfrac{5 \times 4}{2} = 10$ （厘米²）

4厘米

5厘米

4厘米

5厘米

这个公式也适用于非直角三角形。

平行四边形

平行四边形是具有两对平行边的四边形。要计算平行四边形的面积，你需要用底边长乘高，就像计算矩形或正方形的面积一样。

完整的正方形

3厘米

4厘米

平行四边形面积 = 底边长×高

$4 \times 3 = 12$ （厘米²）

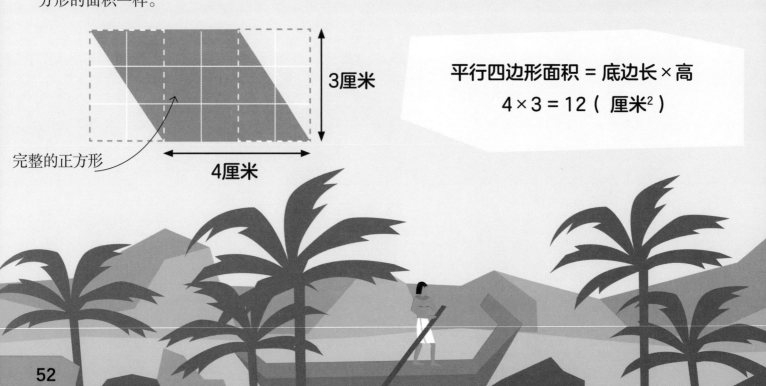

估算不规则图形的面积

如果需要计算比三角形或矩形更复杂的图形的面积，该怎么办呢？如果这个图形有直边，则可以将它划分为直角三角形，然后计算出每一部分的面积，再将这些面积相加，就像古埃及人那样。如果它是一个不规则图形，则可以在上面绘制出大小大致相同的规则图形，然后数出有多少个规则图形。

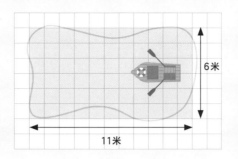

6米

11米

面积 = 6 × 11 = 66（米²）

为了进行准确估算，你需要数出完整正方形的数目，并将不完整正方形的数目减半。

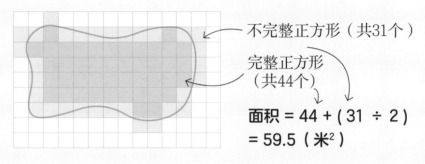

不完整正方形（共31个）

完整正方形（共44个）

面积 = 44 +（31 ÷ 2）= 59.5（米²）

试试看

房间的面积

现在你需要计算给一个地面形状不规则的房间制作地毯的费用。房间的尺寸如右图。如果铺1平方米地毯要花费20英镑，请计算铺满整个房间的费用是多少。

先将房间划分成一些简单的图形，然后算出每个图形的面积。

绿色三角形 $= 3 \times 2 \times \frac{1}{2} = 3$（米²）

黄色三角形 $= 2 \times 2 \times \frac{1}{2} = 2$（米²）

橘黄色矩形 $= 5 \times 6 = 30$（米²）

蓝色矩形 $= 6 \times 4 = 24$（米²）

粉红色正方形 $= 2 \times 2 = 4$（米²）

总面积 $= 63$（米²）

总花费 $= 63 \times 20 = 1260$（英镑）

现在测量你的卧室的面积，然后根据例子中每平方米地毯的价格，计算一下铺地毯的费用是多少。

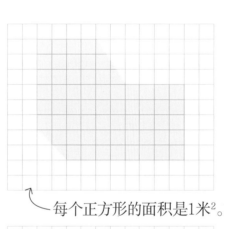

每个正方形的面积是1米²。

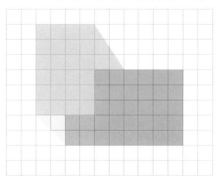

如何测量地球的周长

约公元前240年，一位名叫埃拉托色尼的学者读了一则故事后，便开始思考太阳光如何在每个时刻以不同的角度照射到世界上的不同地方。他意识到只要掌握两个关键信息，就可以估算出地球的周长。令人惊讶的是，那是在数千年之前，现代的高科技工具还没有出现的时候，埃拉托色尼却能以惊人的准确性估算出了地球的大小。

1 杰出的数学家和地理学家埃拉托色尼是古埃及著名的亚历山大城图书馆的馆长。有一天，他在一本书中读到了一则发生在埃及南部奇怪的故事。

2 在每年夏至日的中午，太阳光线笔直地照射进赛伊尼镇一口深井底部的水面，水面将光线反射回去。在那个时刻，太阳正好在那口深井的正上方。

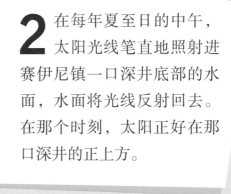

太阳的光线刚好垂直照射水面，水面将耀眼的光线反射回去。

3 埃拉托色尼开始思考,在他居住的亚历山大城,太阳也会正好出现在头顶上方吗? 于是,在那一年的夏至日,他将一根长杆立在地上,然后等待中午的到来。长杆有一点儿影子,这意味着太阳光线是以一定的角度照射地面的。

埃拉托色尼知道,太阳光线能平行地照射地球,是因为太阳距离地球非常远。

他测量了长杆的高度和影子的长度,然后画了一个三角形,得出太阳光线的角度是7.2°。

埃拉托色尼知道地球是一个球体,而不是平面,因此他意识到,这就是角度不同的原因。但是他还需要另一个数据。

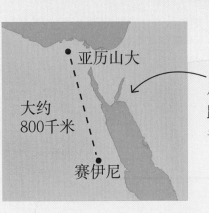

大约800千米

亚历山大

赛伊尼

古埃及人用标准步伐测量了亚历山大与赛伊尼之间的距离。这个距离换算成今天的长度大约为800千米。

4 在古埃及,各地之间的距离是由专业测量员测量的。埃拉托色尼查到了赛伊尼和亚历山大之间的距离,这样他就知道了计算地球周长所需的全部数据……

赛伊尼

专业测量员用相同长度的步伐来提高测量的准确性。

角度与方向

有了测量数据，埃拉托色尼就可以利用他对角度和扇形的了解计算出地球的周长。

太阳光线以平行的方式照射地球，因为太阳距离地球非常远。

在亚历山大，长杆的影子显示太阳光线的角度为7.2°。

太阳光线

800千米

在赛伊尼，太阳光线垂直射入井口。

角 度

埃拉托色尼知道，当一条直线穿过一对平行线时，它与每条线形成的角度是相等的，这些角被称为同位角。

在虚线与第一条橘黄色线相交处，形成了两对相等的角。

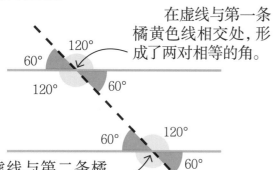

60° 120°
120° 60°

60° 120°
120° 60°

在虚线与第二条橘黄色平行线相交处，形成的角与上面的角相等。

光线照射亚历山大的长杆的角度为7.2°。埃拉托色尼设想了两条线，一条穿过他的长杆，另一条穿过赛伊尼的深井，最终在地球中心相交。这两条假想线以7.2°的角度相交，与太阳光线照射长杆的角度相同。因此，地心、亚历山大和赛伊尼三点之间形成了一个角度为7.2°的扇形。

扇 形

当从圆心射出的两条直线与圆周相交时，被这两条直线所截的圆周部分（称为圆弧）与这两条直线形成的闭合形状就是扇形。你可以把它想象成一块比萨饼！将一块比萨饼的角度与整个比萨饼相比较，看看整个比萨饼可以分成多少块相同的比萨饼，就可以得出一块比萨饼的大小！同理，你可以将扇形的角度与整个圆的角度（360°）进行比较，就会得出扇形的大小。

这段圆弧（地球表面上两个城市之间的距离）与延伸到地球中心的两条直线，构成了一个扇形区域。

最后的计算

埃拉托色尼知道地球是一个球体，因此地球的圆周是一个圆形，圆周有360°。他要做的就是计算亚历山大与赛伊尼之间的距离与地球的周长的比例。为此，他用360除以7.2。

$$360 \div 7.2 = 50$$

这意味着两个城市之间的距离是地球周长的 $\frac{1}{50}$。因此，当他查出两个城市之间相距800千米时，便用这段距离乘50。

$$800 \text{ 千米} \times 50 = 40000 \text{ 千米}$$

随着科学技术的发展，现在我们知道地球的精确圆周长为40076千米，然而在当时，埃拉托色尼的计算结果已经非常接近精确值！

埃拉托色尼设想了两条延伸到地球中心的直线，它们逐渐接近。

在地球中心，两条直线以7.2°的角度相交，与太阳光线照射亚历山大的长杆的角度相同。

地球的横截面

如何计算圆周率

想象一个圆形，无论是纽扣那样的小圆形，还是太阳那样的大圆形，用圆周的长度（圆周长）除以从一侧到另一侧通过圆心的距离（直径），答案永远是3.14159……这个数字是无限的，我们称之为"圆周率"，用符号"π"表示。"π"是希腊语圆周长的第一个字母。圆周率在涉及圆形或曲线的问题时非常重要。

什么是圆周率？

圆周的长度称为圆周长（C），而从圆周上的两点通过圆心的距离称为直径（d）。圆周率的值永远不变，因为直径和圆周长之间的比例永远相同，当其中一个量增大时，另一个量也按比例增大。

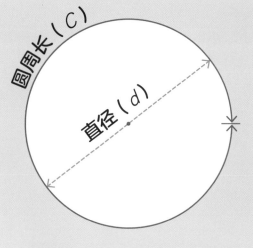

圆周长（C）

直径（d）

$$\frac{圆周长}{直径} = \pi = 3.14159\cdots\cdots$$

太空与圆周率

从行星的运行到太空航行计划，甚至在计算宇宙大小的过程中，圆周率都是必不可少的，它对于帮助人类了解外太空非常有用。

自然界中的圆周率

英国数学家艾伦·麦席森·图灵在1952年发表了一篇论文，提出了描述自然界中的图案如何形成的数学方程式。他表明圆周率在描述诸如豹子的斑点、斑马的条纹以及植物叶子的分布等图案中也起了作用。

无理数圆周率

圆周率是一个无理数，这意味着它不能用分数表示。它的小数部分有无限位数，没有任何重复或规律。计算圆周率的程序可以一直运行下去，因此这个过程常常被用于测试计算机处理指令的速度和能力。

2019年，圆周率被计算到小数点后的31415926535897位。

3.14159265358979323846264338327950288419716939937510582097494459230781640628620899862803482534211706798214808651328230664709384460955058223172535940812848111745028410270193852110555964462294895493038196442881097566593344612847564823378678316527120190914564856692346034861045432664821339360726024914127372458700660631558817488152092096282925409171536436789259036001133053054882046652138414695194151160943305727036575959195309218611738193261179310511854807446237996274956735188575272489122793818301194912983367336244065664308602139494639522473719070217986094370277053921717629317675238467481846766940513200056812714526356082778577134275778960917363717872146844090122495343014654958537105079227968925892354201995611212902196086403441815981362977477130996051870721134999999837297804995105973173281609631859502445945534690830264252230825334468503526193118817101000313783875288658753320838142061717766914730359825349042875546873115956286388235378759375195778185778053217122680661300192787661119590921642019893809525720...

59

如何计时

如果你不知道现在是何年何月，那你就不知道庄稼的最佳种植时间和收割时间。如果你不知道现在是几点钟，那你就不知道还有多长时间才可以下班。如今，我们知道地球自转一周为一天，一天有24个小时。地球绕太阳转动一周大约为365天零6个小时，称为一年，我们用月、日来表示一年中的时间。

早期历法

历史上曾在苏格兰沃伦菲尔德出土过记载阴历信息的物品。中国最早发明了结合阴历和阳历的综合历法，也称为农历，其中的二十四节气对农耕有着重要意义。

约公元前1500年

约公元前1500年

约公元前8000年

罐子上用于计时的标记。

太阳光下的影子

古埃及人和古巴比伦人是最早使用日晷追踪太阳运动的。他们竖起一根杆子，将其称为晷针，它在阳光下有影子。影子的长度和位置可以大致指示时间。

日晷在多云的天气或晚上没有用。

水钟与蜡烛钟

古埃及人将一天分为两个12小时，并让水从一只大罐子中持续不断地慢慢排入另一只大罐子中，以记录每个时间段。很久以后，在中国和日本，人们使用蜡烛钟，也就是用燃烧的蜡烛而不是流水来记录时间。

玛雅历

古玛雅人对时间十分着迷，并制定了一些非常准确的历法。玛雅历实际上是一套三个相互关联的历法：以260天为周期的卓尔金历，以365天为周期的哈布历和以1872000天为周期的长纪历。玛雅人相信长纪历的周而复始意味着世界末日的到来和人类的重生。

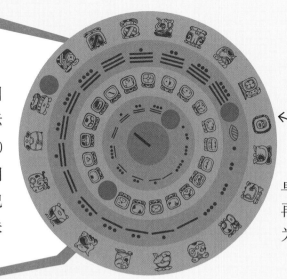

每过52个哈布年，卓尔金历和哈布历就会再次同步，这个周期称为"历法循环"。

伊斯兰教历

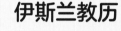

伊斯兰教历是根据月相圆缺变化的周期制定的历法。伊斯兰教历每年有12个月，每个月有29~30天。以穆罕默德迁徒麦地那的那一年岁首为伊斯兰教历纪元元年元旦。

约公元前500年

公元前45年

622年

约750年

儒略历

儒略·恺撒（Julius Caesar）改革了罗马历，使之与季节同步。按照他的儒略历，一个太阳年为365天零6个小时，一年分为12个月，共365天。因为多出来6个小时，所以每四年中有一年为366天，称为"闰年"。

儒略·恺撒去世后，他出生的七月份被称为"July"。后来，八月份以恺撒的继承人奥古斯都（Augustus）的名字为词源，被称为"August"。

时间之沙

沙漏的细沙以恒定的流速流过两个玻璃泡之间的细颈，以此来准确地记录时间。沙漏被认为是在公元8世纪时发明的，但直到几个世纪后，沙漏才在航船上广泛使用，因为它不会像水钟一样溢出或冻结。

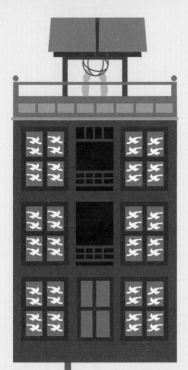

机械钟

机械钟是过了一段时间后才真正出现。最早的机械钟是中国发明家张遂（唐代著名僧人，法号一行）发明的。张遂在中国早期钟表匠的工作基础上，发明了一种名为"擒纵器"的装置，它可以有节奏地来回转动，使天文钟以固定的节奏"嘀嗒嘀嗒"地记录时间。

摆钟以摆的精确摆动频率来记录时间。

摆 钟

荷兰科学家克里斯蒂安·惠更斯制作了第一台摆钟（摆是一根杆，一端固定，另一端有摆锤）。它与时钟的擒纵器一起工作，将计时的误差从每天15分钟减少到15秒钟。

977年　1582年　1656年　1761年

公历（格里历）

意大利的教皇格列高利十三世修正了儒略历——这是因为儒略历每年约有11分钟误差。这次修正使时间向前跳了10天，因此1582年10月4日之后是1582年10月15日。众所周知，阳历被人们普遍采纳的进程非常缓慢，但它是当今世界上使用最广泛的历法。

经度的确定

英国发明家约翰·哈里森发明了非常精确的航海天文钟，它一天的误差不超过3秒钟。这为航海家们解决了一个长期难以解决的问题：测定纬度。利用航海天文钟提供的精确时间，航海家们就可以计算船舶位置与陆地固定点的时间差，从而计算船舶的经度，也就是在东西向的相对位置。

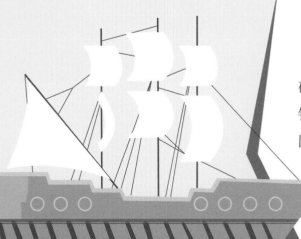

革 命

在推翻路易十六国王的革命之后，法国进行了时间改革，于1793年开始采用新历法。新历法规定一年仍分为12个月，每个月30天，分为三周，每周10天。时钟也更改为10小时制，每小时100分钟，每分钟100秒。这个历法在1805年被弃用。

原子钟可以达到每百万、千万，甚至上亿年误差不到一秒的精确度。

原子时间

原子钟是所有钟表中最精确的。它利用原子中电子的快速重复振动来记录时间。大多数原子钟使用铯元素作为原料。

1793年　1847年　1927年　1949年　现在

晶莹剔透

加拿大工程师沃伦·马里森开发的石英钟装有齿轮，可以使时针和分针移动，不过它们是靠微小石英晶体的振动调节的，而不是靠摆锤振动调节的。石英钟比当时的其他任何计时器都精确，每个月的误差仅有一两秒。

格林尼治标准时间

在铁路出现之前，每个城镇都有自己的时间，并在城镇的时钟上显示。随着铁路的普及，旅行者需要知道出发时间和到达时间，所以需要一个标准时间。自1847年起，英格兰和苏格兰铁路时刻表统一采用格林尼治时间，以克服因为计时标准不同而给交通造成的混乱局面。

闰 秒

每隔一段时间，我们的时间就会因为"闰秒"而增加或减少，以此抵消地球自转的不均匀性和长期变慢性。现在大多数人都使用连接到互联网的数字设备来看时间，"闰秒"在数秒之内就被传递到全球数十亿个计时仪器上，使之得到调节，因而不会对日常生活造成影响。

如何运用坐标系

如何描述卧室里嗡嗡作响的苍蝇的位置？这个问题困扰着17世纪的法国数学家、哲学家勒内·笛卡尔。一天早上，他躺在床上思考这个问题时，想到了坐标系。这是一个非常出色的系统，它使用数字来描述物体的位置。从天花板上的小苍蝇到海上的大型船舶，甚至是太阳系中的行星，坐标系几乎可以描述所有物体的位置。

1 一天早晨，躺在床上的笛卡尔注意到房间里有一只苍蝇在嗡嗡作响。

做数学题
坐标系

笛卡尔使用坐标系中的两个数字来描述一个物体的位置，也就是物体到原点的距离。第一个坐标是水平位置（从原点到左边或右边的距离），第二个坐标是垂直位置（从原点到上方或下方的距离）。

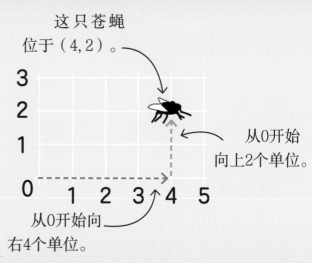

这只苍蝇位于（4，2）。

从0开始向上2个单位。

从0开始向右4个单位。

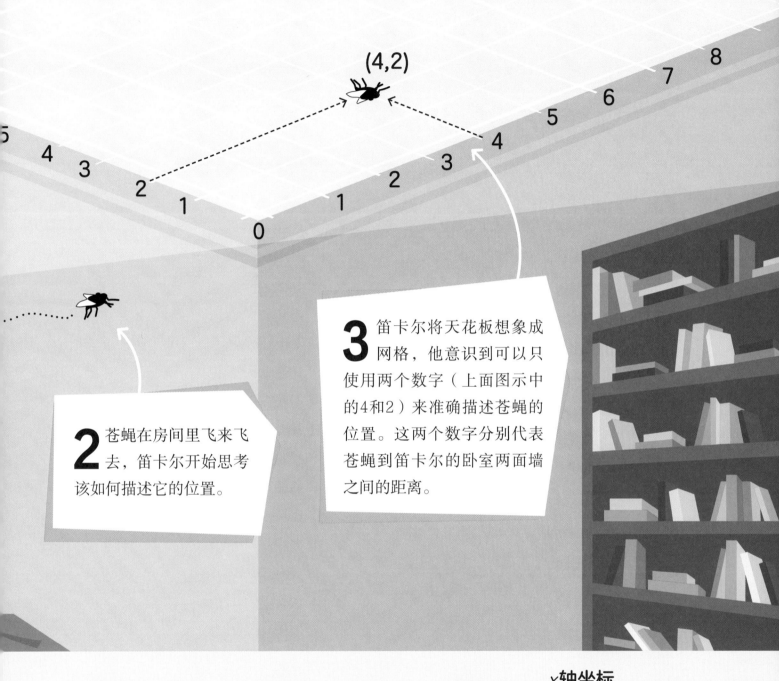

2 苍蝇在房间里飞来飞去，笛卡尔开始思考该如何描述它的位置。

3 笛卡尔将天花板想象成网格，他意识到可以只使用两个数字（上面图示中的4和2）来准确描述苍蝇的位置。这两个数字分别代表苍蝇到笛卡尔的卧室两面墙之间的距离。

我们可以使笛卡尔假想的天花板网格更加完善，并使用坐标系来描述苍蝇在天花板上的位置。在坐标系上，苍蝇用点表示，水平线称为x轴，垂直线称为y轴。苍蝇水平位置的数值称为x坐标，而苍蝇垂直位置的数值称为y坐标。

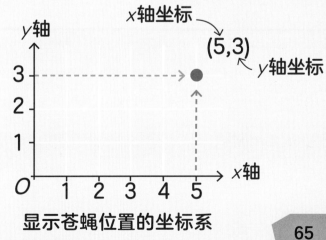

显示苍蝇位置的坐标系

负坐标

但是，如何描述原点左边或下边的物体的位置呢？为此，你可以延伸x轴和y轴，使它们也包含负数。在x轴上，负数显示在原点的左侧。在y轴上，负数显示在原点的下方。

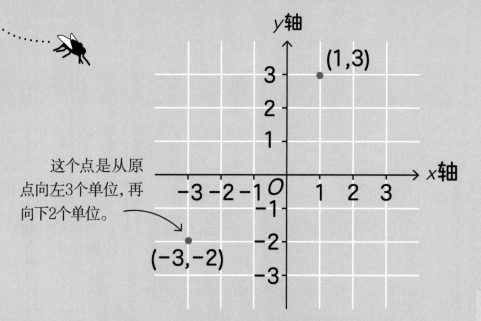

这个点是从原点向左3个单位，再向下2个单位。

二维与三维

仅具有x轴和y轴的坐标系只适用于二维图形。但是数学家们有时会在坐标系上加一条线，代表第三维，称为z轴。z轴与x轴、y轴在原点处相交。利用这个坐标系，数学家们可以画出三维物体在三维空间中的位置，例如一个房间中盒子的位置。

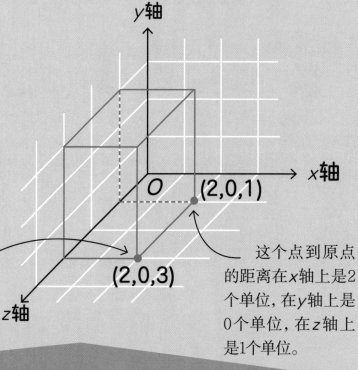

这个点与另一个点的x坐标和y坐标相同，但在z轴上，它到原点的距离更远，为3个单位。

这个点到原点的距离在x轴上是2个单位，在y轴上是0个单位，在z轴上是1个单位。

真实世界

考古挖掘

当考古学家们进行挖掘时，他们会用绳子在现场做一个网格，然后使用网格坐标来准确记录在挖掘过程中发现的各种文物的位置。

试试看
如何寻找失落的宝藏

这里有一张藏宝地图，它的背面有一个神秘的提示。请你按照这个提示，在地图上画出路径，找到宝藏的位置。

从猴子海滩向西北上行，你将到达雪山。继续向北到达洞穴，然后向东南方前往海盗墓。再向西南步行，交叉处就是战利品的埋藏地点。

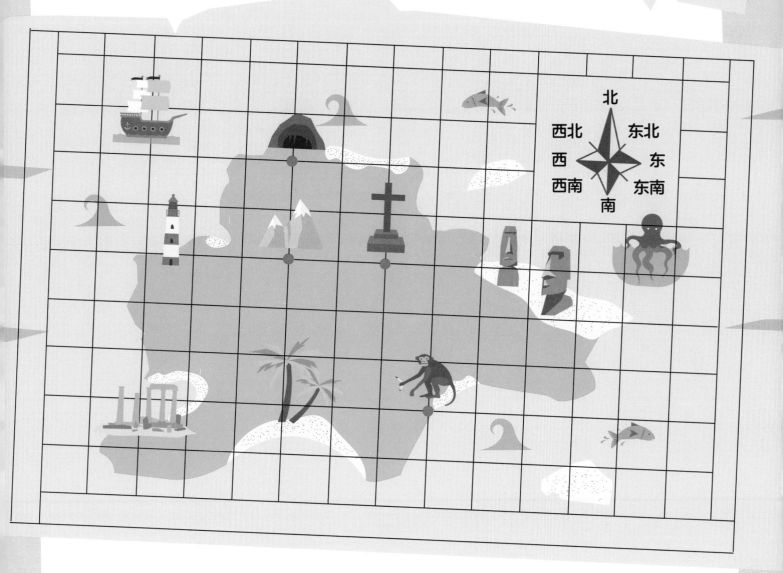

现在试着制作你自己的藏宝图。向你的朋友展示坐标系原理，看看他们能否找到宝藏。你还可以绘制你家的地图，并藏一些宝藏让朋友寻找！

规律与数列
有什么用？

　　从简单的2的乘法表中的数列，到神秘的质数，规律与数列在数学中无处不在。在漫长的历史发展过程中，我们一直使用规律与数列来构造不可破解的代码和密码，以保护隐私。今天，研究规律与数列可以使我们了解自然，甚至可以帮助我们了解间歇泉的喷发时间。

如何预测彗星的回归时间

　　17世纪的英国科学家埃德蒙·哈雷正在研究一些天文观测的记录。当他看到多年来的彗星记录时，他意识到同一颗彗星有可能会重新飞回来。哈雷预言这颗彗星将在1758年再次与地球相遇。到了1758年，这颗彗星果然出现了，证明了哈雷的预言是正确的。哈雷于1742年逝世，所以他并没有看到自己的预言成真，为了纪念他的贡献，人们将这颗彗星以他的名字命名，确立了他在历史上的地位。

1531年

1607年

1682年

1 1531年、1607年和1682年，天文学家们在夜空中观测到一颗彗星。

2 哈雷意识到这些年份间有一种模式，并意识到这是同一颗彗星，它大约每76年就会与地球相遇一次。

做数学题
等差数列

　　在发现彗星运行轨道的可预测模式时，哈雷得出一个等差数列。如果一个数列从第二项开始，每一项与前一项的差是同一个常数，这种数列就称为"等差数列"，而这个常数称为"公差"。

28　47　66　…

+19　+19　+19

公差

彗星轨道

彗星是由冰、岩石和尘埃等物质构成的，它们在椭圆形轨道上绕着太阳运行。像哈雷彗星那样接近太阳的彗星，通常会拖着长尾，并在夜空中发光。

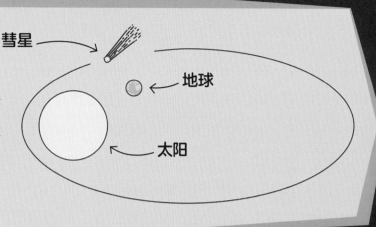

彗星 →

→ 地球

← 太阳

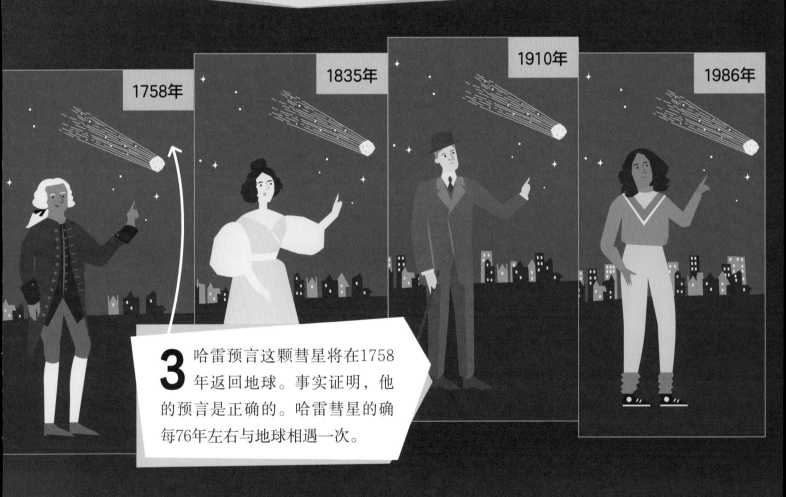

1758年

1835年

1910年

1986年

3 哈雷预言这颗彗星将在1758年返回地球。事实证明，他的预言是正确的。哈雷彗星的确每76年左右与地球相遇一次。

85　104　123　？

+19　　+19　　+19

公差

这个等差数列中的公差为19。你只需再加一个公差，就可以找到下一项数字。哈雷彗星返回地球的时间并不是一个完美的等差数列。哈雷彗星平均每76年返回地球一次，但由于各个行星的引力作用，它可能会早一两年或晚一两年出现（哈雷也意识到了这一点）。

等差数列的原理

下面是一个简单的等差数列，公差为3。只需加3就可以得到下一项。

$$2 \quad 5 \quad 8 \quad 11 \quad 14 \quad \cdots$$
$$+3 \quad +3 \quad +3 \quad +3 \quad +3$$

我们可以用字母表示任何等差数列，包括上面的数列：

字母a代表数列中的首项。

$$a \quad a+d \quad a+2d \quad a+3d \quad a+4d \quad \cdots$$
$$+d \quad +d \quad +d \quad +d \quad +d$$

字母d代表公差。

用这种方式写等差数列时，a是首项（在这个例子中为2），而d是公差（在这个例子中为3）。即将出现的下一项将是 $a+5d$，将字母代换为数字，我们就可以计算：$2 + (5 \times 3) = 17$。

折叠等差数列的小窍门

$$1 + 2 + 3 + \cdots\cdots + 99 + 100 = ?$$

1780年，德国一名老师在给孩子们上课时，因为想让孩子们安静一会儿，所以要求他们将1到100之间的所有数字相加：

$$1 + 2 + 3 + \cdots\cdots + 98 + 99 + 100 = ?$$

令他惊讶的是，一个男孩在短短两分钟内就算出了答案。那时还没有计算器，男孩是怎么做到的呢？

男孩"折叠"了等差数列，他将1与100相加，2与99相加，以此类推。因为每对数字加起来都是101，而且有50对这样的数字，所以他需要做的就是用50乘101，得到答案5050。

计算第*n*项

如果我们要计算这个等差数列中的第21项，该怎么办呢？如果要计算第121项呢？将21项数字全部写出来会花很长时间，因此你需要一个通项公式。

我们可以使用第*n*项的公式，也就是通项公式，这样很快就能找到答案，其中*n*是项数。

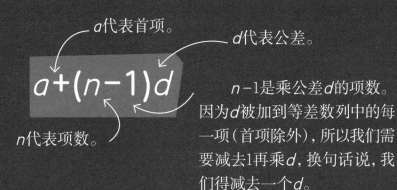

*a*代表首项。

*d*代表公差。

$$a+(n-1)d$$

*n*代表项数。

n−1是乘公差*d*的项数。因为*d*被加到等差数列中的每一项（首项除外），所以我们需要减去1再乘*d*，换句话说，我们得减去一个*d*。

我们将*n*−1（在这个例子中为21−1 = 20）乘公差（在这个例子中为3），然后用结果加*a*（在这个例子中为2）。

$$2+(21-1)\times3=62$$

因此，等差数列2，5，8…中的第21项是62。

试试看
如何数座位

学校的剧场有15排座位，靠近舞台的第一排有12个座位。随着剧场向后延伸扩大，每排的座位数依次增加2。

你能用通项公式算出最后一排有多少个座位吗？

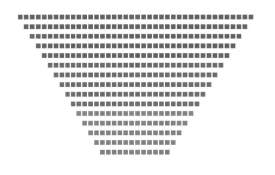

将100加1，将99加2，将98加3，以此类推。

$$1 + 2 + 3 + \cdots\cdots + 98 + 99 + 100$$

→ 101 ←
→ 101 ←
→ 101 ←

每对数字的和都是101。

这位男孩的名字叫约翰·卡尔·弗里德里希·高斯，他后来成了一名伟大的数学家。

真实世界

不断喷发的间歇泉

美国黄石国家公园的老忠实间歇泉之所以被命名为"老忠实"，是因为它大约每90分钟喷发一次。但是喷发的时间间隔变化范围为一到两个小时，因此这个规律不是一个精确的等差数列。

如何增加储蓄

1, 2, 4, 8, 16的下一项是什么呢？答案是32。这个数列中的每项都可以通过将前一项乘2得到。这个数列开始的时候看起来增加量很小，但很快数字就变得巨大，就像传说中输了一盘国际象棋的国王所展示的……

2 起初，国王觉得这个请求听起来很合理。但是，随着数字不断加倍，他需要奖赏给旅行者的大米数量开始变得庞大。

1 当国王输给了一位聪明的旅行者一盘国际象棋之后，国王想给旅行者奖赏。旅行者谦虚地请求国王在棋盘上的每个格子中放一些大米，在第一格中放一粒大米，在第二格中放两粒大米，以此类推。

做数学题
等比数列

棋盘上每个格子中的大米粒数等于前一个格子中的粒数乘一个常数（在上面的例子中为2），也就是公比。如果数列从第二项起，每一项与前一项的比值等于同一个常数，这种数列称为"等比数列"。

$\times 2$ $\times 2$ $\times 2$ $\times 2$

倍增的大米粒数

3 国王最终需要奖赏给旅行者一千八百京粒大米，这些大米足以将他的王国埋起来！

你知道吗?

折纸游戏

如果你将一张纸对半折叠，那么折叠以后的厚度就是原来的两倍。想象一下，如果你重复这个步骤54次，折叠起来的纸会变成多厚呢? 最终纸的厚度可以连接地球和太阳! 现实中，我们不可能将一张纸折叠很多次，纸会因为变得太厚而无法折叠!

乘2

如果将大米粒换成数字，我们就可以看到这个数列的规律。从1到16仅需要四个步骤，而再加四个步骤则达到256! 你可以看到旅行者的大米粒数如何快速地变得如此庞大。

75

国王的象棋盘

下面是棋盘上每个格子中的大米粒数。现在你可以看到数字增加的速度了！你能读出棋盘右下角的数字吗？

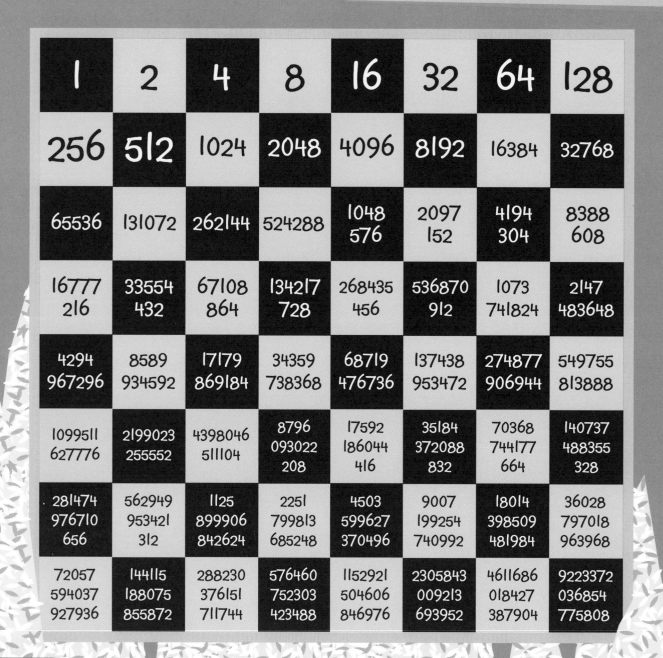

1	2	4	8	16	32	64	128
256	512	1024	2048	4096	8192	16384	32768
65536	131072	262144	524288	1048576	2097152	4194304	8388608
16777216	33554432	67108864	134217728	268435456	536870912	1073741824	2147483648
4294967296	8589934592	17179869184	34359738368	68719476736	137438953472	274877906944	549755813888
1099511627776	2199023255552	4398046511104	8796093022208	17592186044416	35184372088832	70368744177664	140737488355328
281474976710656	562949953421312	1125899906842624	2251799813685248	4503599627370496	9007199254740992	18014398509481984	36028797018963968
72057594037927936	144115188075855872	288230376151711744	576460752303423488	1152921504606846976	2305843009213693952	4611686018427387904	9223372036854775808

76

指 数

一个数的指数表示一个数自乘若干次的数字,这个数称为"基数"。我们可以用指数来表示大米粒数每次是如何增加的。指数以小数字的形式写在基数的右上角。所以2^2等于2×2,也就是2个2相乘;而4^3等于$4 \times 4 \times 4$,也就是3个4相乘。

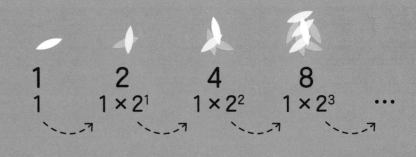

1	2	4	8	
1	1×2^1	1×2^2	1×2^3	...

这是数列的首项。

n代表项数。

$$1 \times 2^{(n-1)}$$

这个数列的公比为2。

你必须从n中减去1,因为数列的首项并没有乘公比。

数列中的第6项,$n-1$等于$6-1$,也就是5。

$$1 \times 2^{(6-1)} = 1 \times 2^5 = 32$$

数列中的第6项是32。

你可以用这个公式求得国王象棋盘上的任何格子中的大米粒数。你只需要知道三个数:数列的首项(在这个例子中为1),公比(在这个例子中为2),数列中的项数减1。

你能算出这个数列中的第20项是多少吗?你可能需要用计算器!

试试看

如何增加你的储蓄

你有两枚硬币,将它们存在利率非常高的银行里。到第2年,你的存款将变成6枚硬币。假设利率不变,到第5年,你的存款是多少?

硬币的数量遵循一个增长模式。为了计算每年获得的硬币总数,需要将前一年的总数乘3。

因此,到第5年,总数将是 $2 \times 3^4 = 162$ 枚硬币。你能用公式 $2 \times 3^{(n-1)}$ 算出到第15年时你的存款是多少吗?

第5年

第1年	第2年	第3年	第4年	第5年
2	$2 \times 3^1 = 6$	$2 \times 3^2 = 18$	$2 \times 3^3 = 54$	$2 \times 3^4 = 162$

如何使用质数

质数是大于1的自然数，除了自身和1之外，它不能被其他任何整数整除。对于数学家来说，质数是数字的基本组成部分，因为每个整数或是质数，或是质数的乘积（称为"合数"）。

令人迷惑的质数

数学家们对质数感兴趣的原因是，我们知道有无数个质数，但我们还没有找到质数出现的规律。另外，2是唯一的偶数质数，其余质数均为奇数。

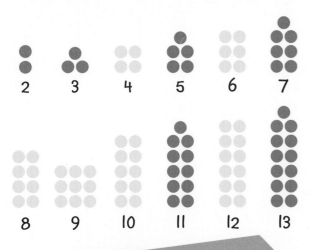

你知道吗？

大质数

截至目前，已知的最大质数为 $2^{82589933}-1$，它有24862048位数。

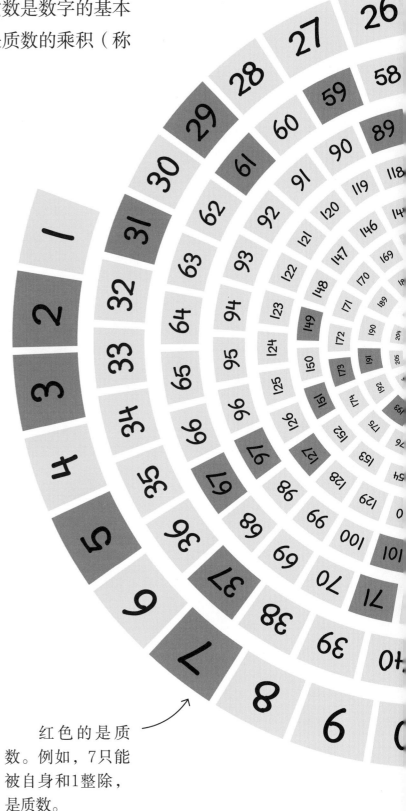

红色的是质数。例如，7只能被自身和1整除，是质数。

网络安全

在网上付款时，质数被用来制作不可破解的密码。密码的"锁"是一个巨大的数字，是由质数相乘而产生的合数，这些质数是这个合数的质因数，也称为"密钥"。如果要解"锁"则需要找出这些"密钥"。由于数字巨大，哪怕用现代计算机也需要数千年的时间才能算出答案。所以这把"锁"很难破解，可以确保交易安全。

谜题

使用左侧的质数轮，尝试将589分解为两个质因数。

黄色的是合数。例如，12是质数2与3的乘积：2 × 2 × 3 = 12。

质数周期

每隔13或17年，周期蝉就会破土而出，进行繁殖。这些质数周期使它们的捕食者难以将周期蝉当作赖以生存的食物，这使得周期蝉更容易有机会交配。

如何能够永无止境

有些事物永远不会结束。会结束的事物被称为"有限"，不会结束的事物被称为"无限"或"无穷"。无穷大不是一个数字，而是一个几乎无法想象的概念。无穷大是无止境的，是没有尽头的，它在数学界引发了一些令人费解的想法。

希尔伯特旅馆

德国数学家戴维·希尔伯特提出了一个有无穷多个房间的旅馆的思维实验，这个实验揭示了无穷大特有的奇异数学运算：

1 无穷旅馆已住满，但有一天又来了一位新客人。

2 因为旅馆的房间有无穷多个，所以总会有更多房间，因此旅馆老板要求所有客人搬到下一个房间，在1号房间的客人搬到2号房间，在2号房间的客人搬到3号房间，以此类推，这样新客人就可以住1号房间了。所以，无穷大＋1＝无穷大。

3 此后不久，一名教练与无穷多位新客人来到了旅馆。为了提供房间，旅馆老板要求所有客人将自己的房间号乘2，得到新的房间号，然后搬到新的房间去。

4 原来的客人们现都住在偶数号房间里，而奇数号房间都空着。因此，无穷多位新客人现在可以入住无穷多个奇数号房间了！这表明2×无穷大＝无穷大。

芝诺悖论

古希腊数学家芝诺用传说中的希腊英雄阿喀琉斯和一只乌龟赛跑的故事，来解释无穷这个概念。乌龟先起跑，但是阿喀琉斯很快就跑到了乌龟所在的地方。但是在这期间，乌龟又向前移动了一点儿。每次阿喀琉斯接近乌龟时，乌龟都会向前移动一点儿。芝诺用这个故事说明了为什么在处理"无穷"这个概念时，我们必须要小心。

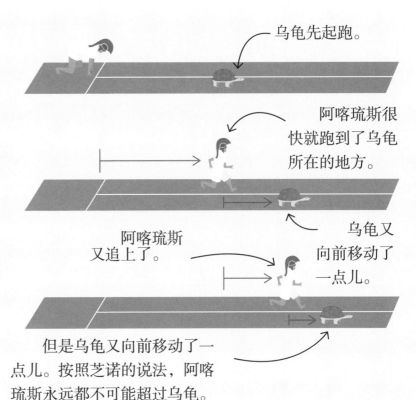

乌龟先起跑。

阿喀琉斯很快就跑到了乌龟所在的地方。

乌龟又向前移动了一点儿。

阿喀琉斯又追上了。

但是乌龟又向前移动了一点儿。按照芝诺的说法，阿喀琉斯永远都不可能超过乌龟。

这些数字用指数书写时（例如10^7），可以使大数字变得更容易书写。

约$1.3×10^7$米

地球的直径

指数加一个负号（例如10^{-10}），可以表达不可思议的小数字。

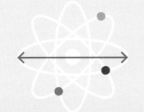

约$1×10^{-10}$米
原子的直径

大数字

在日常生活中使用的数字和无穷大之间是一组被称为"大数字"的数字。我们可以利用这些数字描述诸如可观测宇宙的大小、人体中的细胞数，还有物质中的原子数等。

81

如何保密

保密的最佳方法是什么？运用数学！在历史上，人们一直使用代码（字母、数字或符号代替单词）和密码（字母经过变换后变成的密文）来防止秘密泄露。

你知道吗？

密码术

"Cryptography"（密码术）这个词源自古希腊语"cryptos"，意思是"隐藏"或"秘密"；"graphy"源自"graphein"，意思是"写"。

用火炬传递信息

古希腊士兵点燃墙壁上不同数目的火炬，点燃火炬的数目对应字母方阵（称为"波利比奥斯方阵"）中特定的行和列，在战场上传递信息。为了拼写"H"，他们在右侧点燃2个火炬，表示第2行，在左侧点燃3个火炬，表示第3列。

	1	2	3	4	5
1	A	B	C	D	E
2	F	G	H	I	J
3	K	L	M	N	O
4	P	Q	R	S	T
5	U	V	W	X	Y/Z

2/3 1/5 3/2 3/2 3/5

= HELLO（你好）

公元前3世纪

恺撒加密法

为了向士兵们发出秘密命令，罗马的恺撒大帝使用了替代密码，现在称为"恺撒加密法"。他与士兵预先约定一个数。如果他们约定给每个字母加3，则"a"变成"D"，"b"变成"E"，以此类推。

谜 题

破解密码

你偶然发现了一条机密信息，它是用恺撒加密法编写的。你能破解这条信息吗？

信息：ZH DUH QRW DORQH

a	b	c	d	e	f	g	h	i	j	k	l	m	n	o	p	q	r	s	t	u	v	w	x	y	z
D	E	F	G	H	I	J	K	L	M	N	O	P	Q	R	S	T	U	V	W	X	Y	Z	A	B	C

PRYH DW GDZQ = move at dawn
（黎明时出动）

上面一行是"明文"，也就是加密之前的原始信息。

下面一行是"密文"，也就是加密之后的信息。

9世纪

约公元前50年

常用字母

阿拉伯哲学家肯迪分析了古代文献中的密码，意识到有些字母的使用频率比其他字母高。因此他推断，无论使用哪种语言编写编码信息，出现频率最高的符号可能是该语言中最常用的字母。

使用频率

e t a o x q j z

字母"e"是英语中最常用的字母。

阿尔伯蒂密码盘

意大利建筑师莱昂·巴蒂斯塔·阿尔伯蒂发明了一种密码盘。这种密码盘有两只同心圆盘，一只大，一只小，它们的中心被固定在一起，可以旋转。两只圆盘的边缘刻有不同的符号和字母。想要破解一条密文（例如F&MS&*F），接收者需要转动小圆盘，直到秘密信息的第一个字母（F）与大圆盘上预先约定的起始字母（s）对齐，然后保持两只圆盘的位置，找出其他对应的字母，得到明文信息（secrets）。阿尔伯蒂密码盘比恺撒加密法更难破解，因为密文中还包含每隔几个字母就需要重新设置圆盘起始位置的指令。

隐藏在书中的密码

在书籍普及了七十年后，雅各布斯·西尔维斯特里发明了书本密码。使用这种加密方法时，发送者和接收者需要预先约定一本书，书中的单词将用作信息的明文，而密码给出这些单词在书中所处的位置。接收者必须使用密码中的数字，才能在书中找到正确的单词。

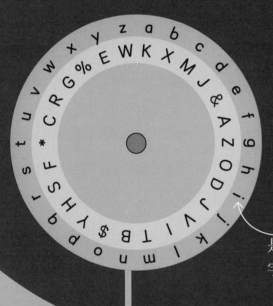

内圈的字母是代码，外圈的字母是明文。

1467年

1526年

维吉尼亚密码

法国密码学家布莱斯·德·维吉尼亚改进了恺撒加密法，发明了一个由多个字母组成的网格，对消息中的每个字母进行编码。他创造的这个密码在数个世纪中一直未被破解。

莫尔斯电码

几个世纪以来，信使一直通过步行或骑马来传递秘密信息。但是电报的发明使长距离通信成为可能。美国发明家塞缪尔·莫尔斯提出了一个由点和线两种符号组成的系统，它们代表英文字母，被敲入发报机。

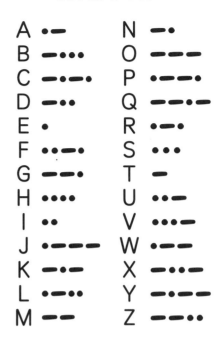

莫尔斯电码表

A	·—	N	—·
B	—···	O	———
C	—·—·	P	·——·
D	—··	Q	——·—
E	·	R	·—·
F	··—·	S	···
G	——·	T	—
H	····	U	··—
I	··	V	···—
J	·———	W	·——
K	—·—	X	—··—
L	·—··	Y	—·——
M	——	Z	——··

1586年

1830年

谜题

传递秘密信息

尝试用莫尔斯电码给你的朋友传递一条秘密信息。

破解阴谋

玛丽·斯图亚特（玛丽一世）认为自己应该是英格兰的女王。她和她的支持者策划暗杀当时的英格兰女王伊丽莎白一世，他们使用替代密码来传递信息。但是伊丽莎白一世的臣子弗朗西斯·沃尔辛厄姆爵士截获了这条信息，并破译了密码，从而摧毁了他们的暗杀计划。最后，玛丽·斯图亚特因叛国罪被处决。

朱高密码

朱高密码是在美国南北战争（1861年~1865年）时期被囚禁的联邦士兵使用的一种替代密码。这个方法是将英文字母分配到四个不同的网格之中，代表每个字母的符号是这个字母在网格中所处位置的形状。代表字母J~R和W~Z的形状则加一个点。

A B C   J K L   S   W
D E F   M N O   T U   X Y
G H I   P Q R   V   Z

▢∨∟⌐∟⊐⌐ >⌐∩∨ ∀⌐< = escape this way
（从这条路逃出去）

1939年~1945年

1861年~1865年

战时的机密

第二次世界大战期间，德军使用了恩尼格玛密码机对信息进行加密。这台机器有几乎无法破解的设置，每条编码能生成多达15800000000000000000000种可能性的答案。多亏了英国数学家艾伦·麦席森·图灵发现了恩尼格玛密码机的缺陷，英国的天才团队才终于将它解码，使得英国的密码学家们（大部分是女性）能够获取德国的最高机密信息。

英国的数学家们在布勒特彻里庄园使用一台名叫"图灵甜点"的解码机来帮助他们破解德军的秘密信息。

你知道吗?

恩尼格玛密码机

德军每天都会改变恩尼格玛密码机上的设置，因此盟军密码破解者们在破解其秘密信息时，必须与时间赛跑。

未解之谜

美国中央情报局总部的广场上矗立着一尊由美国艺术家詹姆斯·桑伯恩创作的雕塑,名为克里普托斯(意为"隐藏")。雕塑上的代码隐藏着加密信息。自1990年建成以来,无论是业余密码破解者,还是美国中央情报局密码学专家都无法破解它!

数字时代的信息安全

如今,密码有助于保护我们的信息安全。代码制作者们一直在努力创制越来越复杂的代码,以保护人们的个人信息不被黑客破解。

1974年

今天

如果将阿雷西博信息用图片展示,它看起来就如右图所示。

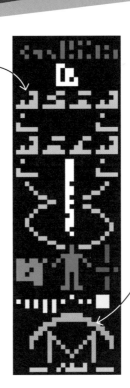

给外星人传送信息

科学家们从波多黎各的阿雷西博天文台向距离地球25000光年的武仙座球状星团M13发送了一条无线电信息,希望被外星人接收并阅读。这条信息用二进制代码编写。在二进制系统中只采用1和0两个数码。

这条信息包含人类的脱氧核糖核酸(DNA)信息以及显示地球位置的太阳系图。

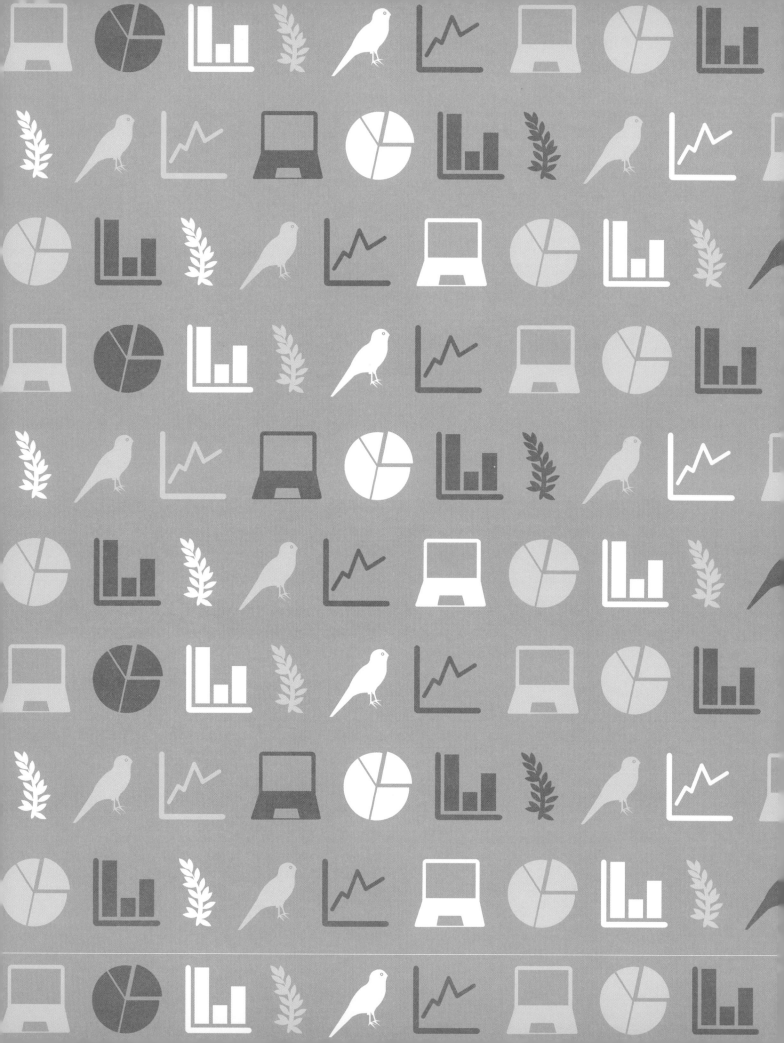

数据与统计有什么用？

生活在信息时代，我们周围的数据量比历史上任何时候都要多。数学家们已经开发出许多收集信息、分析信息和将信息视觉化的方法，以帮助我们了解所获取信息的本质。数学和统计学中有许多快速处理和估算数据的技巧，也有许多用于精确分析数据的公式和方法，这使我们能够更好地了解自己与周围的世界。

如何估算

人们并非总是能进行精确的计算，因此数学家经常会进行估算。估算可以使你对问题的答案有一个合理的大致推测。当一位古印度国王面对一道看似不可能算出来的题目时，他意识到自己可以利用掌握的技巧进行估算。

1 在古老的印度传说中，里图帕尔纳国王是一位出色的数学家，他曾经向同伴吹嘘自己知道某棵树上有多少片树叶。

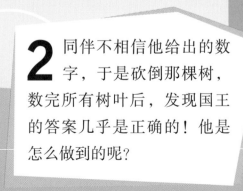

2 同伴不相信他给出的数字，于是砍倒那棵树，数完所有树叶后，发现国王的答案几乎是正确的！他是怎么做到的呢？

做数学题
舍入和估算

里图帕尔纳国王并没有真的数过树上的每一片树叶，他只是做了估算。他首先数了几根细枝上的树叶，每根细枝上大约有20片树叶。

19片树叶　　20片树叶　　21片树叶

接下来，里图帕尔纳国王需要知道每根树枝上有多少根细枝。他数过的树枝上都有4~6根细枝，所以他假设每根树枝上都有5根细枝。

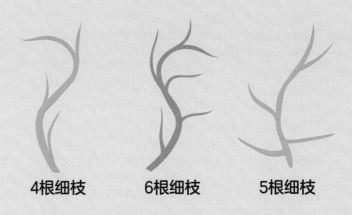

4根细枝　　　6根细枝　　　5根细枝

最后，里图帕尔纳国王数了树枝的数目，因为这是一个较小的数字，这时他使用的是准确的数字而不是约数。结果是10根树枝，然后他将所有数字相乘，得出那棵树上大约有1000片树叶。

20片树叶 × 5根细枝 ×

10根树枝

= 1000片树叶

四舍五入

四舍五入的意思是取一个数字的近似值，这样做的目的通常是使计算容易些。想象一段在18~19厘米之间的长度，如果精确测量，可能为18.7厘米。将这段长度四舍五入为19厘米，会使计算变得简单。

尾数为1~4，就舍去。

尾数为5~9，把尾数舍去并在前一位进"1"。

17.6 17.7 17.8 17.9 **18** 18.1 18.2 18.3 18.4 18.5 18.6 18.7 18.8 18.9 **19** 19.1 19.2 19.3 19.4 19.5 19.6 19.7 19.8 19.9 **20**

保留几位有效数字	舍入后的数字
4	1171
3	1170
2	1200
1	1000

保留几位小数	舍入后的数字
3	8.152
2	8.15
1	8.2
0	8

有效数字

当数学家们将整数四舍五入时，他们会确定想达到的精确度。"有效数字"的数目决定了向上或向下舍入多少位数。这可能意味着四舍五入到最接近的整数，最接近的十位数，最接近的百位数等。假设你想将1171进行四舍五入，保留四位有效数字则意味着这个数字不变；保留三位有效数字则意味着将它舍入到1170；保留两位有效数字则意味着将它舍入到1200；保留一位有效数字则意味着将它舍入到1000。

小数位的数字

带有小数位的数字也可以被四舍五入。这使得我们测量距离、重量和温度等数值时非常方便。通常，我们只需要保留两位小数。

估 算

在没有计算器的情况下，如果你需要很快求得复杂数字的和，四舍五入的方法非常有用。通过向上或向下舍入数字，可以使数学运算变得更容易，而且接近准确答案。

你可能会觉得这道加法题很棘手。

→ 168 + 743 = 911

如果你将168舍入到170，将743舍入到740，计算就会容易一些。

→ 170 + 740 = 910

200 + 700 = 900 ←

你知道吗？

估算字数

你想知道正在阅读的书有多少个字吗？你可以先数出某一页上有多少字，然后用这个数乘总页数来进行估算。

200加700很简单，可以心算。900很接近911的精确答案。

试试看
如何快速估算物价

当购买多个物品时，如果你想估算它们的总价，可以进行四舍五入。右图中商品的价格很复杂，让我们先将它们四舍五入到十位数，然后再相加。自行车变成160英镑，照明灯变成20英镑，头盔变成50英镑。它们的总价约为230英镑，实际总价为229.88英镑。

下次购物时，先试着将价格四舍五入，再将它们相加，最后将结果与实际价格进行比较。

159.99英镑

17.79英镑

52.10英镑

真实世界

估算人数

为了估算人群的人数，数学家们会使用"雅各布斯法"。他们将人群所在的区域划分为若干网格，先数出其中一个网格里的人数，然后用人数乘网格的数目就可以得到估算的总人数。

如何计算平均数

在19世纪的法国，数学家亨利·庞加莱每天都去当地的面包店买面包。这些面包本应每根重1千克，但庞加莱怀疑面包师欺骗顾客，卖的面包重量不足。他决定开始调查，后来他通过算出一根面包的平均重量（或典型重量），成功地指控了面包师的欺骗行为。

1 庞加莱怀疑，当地的面包店所出售的面包没有宣称的那么重。他决定收集证据加以证明。

2 他每天都从面包店买面包回来称重，然后在图表上标出重量。过了一段时间，庞加莱意识到他的怀疑是对的。

3 一年后，他计算出自己所买的面包的平均重量仅为950克，比面包店宣称的重量少了50克。庞加莱将这个结果报告给了当地警察局，面包师因此被罚款。

做数学题
求平均数

为了指控面包师的欺骗行为，庞加莱计算了他所购买的所有面包的平均重量。有三种求平均数的方法：找到平均数、中位数和众数。庞加莱使用了找平均数，因此他必须知道所有面包的总重量。在这里，我们只列举了7根面包的数据，也就是他一周内购买的面包的重量。

950克 + 955克 +

915克 + 960克 +

1005克 + 850克 +

1015克 = 6650克

然后，他用总重量除以面包的数量。

$$\frac{6650}{7} = 950（克）$$

这表明他一周内购买的面包的平均重量为950克。事实证明，即使他购买的有些面包的重量超过1000克，但平均重量还是比面包店宣称的要少。

绘制重量图表

为了给警察提供证据，庞加莱在一张显示面包重量的图表上绘制了他的发现。这张图表显示，最常见的重量约为950克。

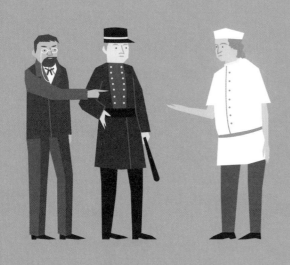

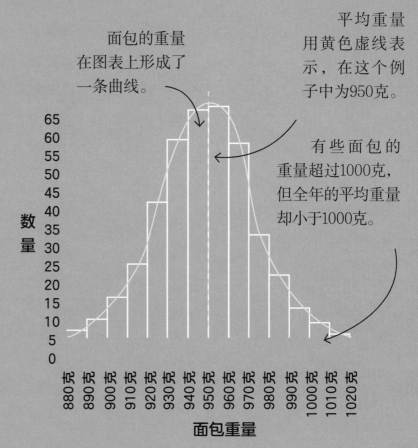

面包的重量在图表上形成了一条曲线。

平均重量用黄色虚线表示，在这个例子中为950克。

有些面包的重量超过1000克，但全年的平均重量却小于1000克。

（图表纵轴：数量 0 5 10 15 20 25 30 35 40 45 50 55 60 65）

（图表横轴：880克 890克 900克 910克 920克 930克 940克 950克 960克 970克 980克 990克 1000克 1010克 1020克　面包重量）

中位数

求平均数的另一种方法是找到中位数。要找到中位数，需将一组数按顺序排列，中间的数就是中位数。如果一组数中的一个数比其他数大很多或小很多，找到中位数就是求平均数的最佳方法。因为这个不寻常的数（也称离群值）会使平均数失真。如果你想知道7根面包的平均重量，但是有一根面包比其他面包重很多，那么平均重量将高于其他6根面包的重量。

这根面包比其他面包重很多，因此它是一个离群值。

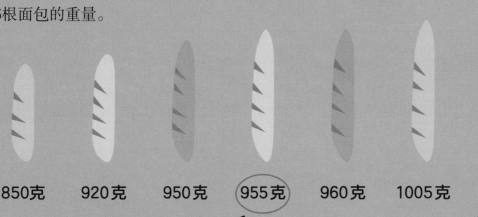

850克　　920克　　950克　　955克　　960克　　1005克　　　　1500克

中位数是按顺序排列的所有数的中间数，在这个例子中为955克。

这7根面包的平均重量为1020克，大于其他6根面包的平均重量。

96

众 数

找到众数是数学家们使用的另一种求平均数的方法，它是一组数据中出现次数最多的数。有时候，众数比平均数或中位数有用。例如，当你想知道蛋糕店中哪种蛋糕最受欢迎的时候。

巧克力蛋糕	7
草莓蛋糕	6
柠檬蛋糕	3

购买巧克力蛋糕的人数超过购买其他种类蛋糕的人数，因此这个数就是众数。

集体的智慧

如果你让一群人估算一个罐子里有多少颗糖果，那么所有答案的中位数很有可能接近正确的数字。因为有些人猜测的数量过低，而另一些人猜测的数量过高，会导致平均数失真，所以在这个示例中，中位数是最佳的平均值。

试试看
如何计算平均身高

假设你想计算一个班级的学生的平均身高，最常见的做法是将每个学生的身高相加，然后用总数除以学生人数，得到平均身高。例如：

150厘米 + 142厘米 + 160厘米 +
155厘米 + 137厘米 + 140厘米 +
155厘米 + 152厘米 + 155厘米 +
170厘米 + 145厘米 = 1661厘米

$$\frac{1661}{11} = 151（厘米）$$

你能找到上面这组身高数据的中位数和众数吗？你还可以尝试找出同学们身高的平均数、中位数和众数。

在这个例子中，你认为哪种求平均数的方法最适用：找到平均数、中位数，还是众数？哪种最不适用？

如何估算人口

很显然，你无法一个一个地去数一个国家有多少人，那么如何计算一个国家的总人口呢？这个问题使法国数学家皮埃尔-西蒙·拉普拉斯感到困惑。他想知道，是否可以运用数学方法较为准确地估算法国的人口。结果他想出了一个绝妙的解决方案：将逻辑与非常简单的算术结合起来就可以得到答案。

1 1783年，拉普拉斯想要估算他的祖国——法国的人口。

运用数学方法
收集样本数据

拉普拉斯意识到，他可以先估算每个新生儿的家里有多少个成年人，再来估算总人口。尽管大多数城镇都没有人口统计记录，但有些城镇还是保留了人口记录。于是他使用这些数据进行计算。

两个量之间的关系称为比率。我们使用冒号分隔这两个量。

1个新生儿：28个成年人

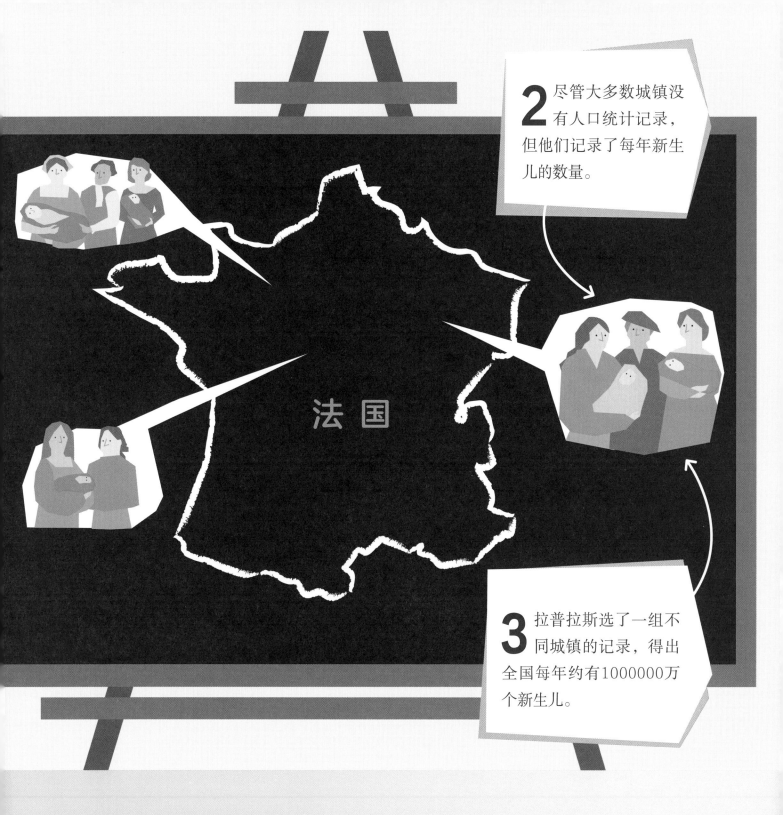

2 尽管大多数城镇没有人口统计记录，但他们记录了每年新生儿的数量。

法 国

3 拉普拉斯选了一组不同城镇的记录，得出全国每年约有1000000万个新生儿。

　　拉普拉斯发现，在法国，平均每28个人中就有一个新生儿。因此，在56个人中，可能就有两个新生儿，以此类推。拉普拉斯需要做的就是用28乘1000000（估算得出的当年法国新生儿的数量），得到总人口的估算值。这种估算人口的方法被称为"标志重捕法"。

28×1000000
=28000000（个）

估算动物种群

拉普拉斯的方法也可以用来估算动物的种群。想象一下，你想知道一片森林中有多少只鸟。首先，捕捉一些鸟，这是你的第一个样本。在这个样本中的每只鸟身上都做好标记，然后释放这些鸟。一段时间以后，再捕捉一些鸟作为第二个样本。第二个样本中有些鸟身上带有标记，意味着它们也出现在第一个样本中。

在第二个样本捕获的10只鸟中，有4只鸟带有标记，意味着这4只鸟也出现在第一个样本中。

第一个样本：8只鸟

在每只捕获的鸟身上做好标记，然后释放它们，让它们与总种群混合在一起。

第二个样本：10只鸟
（其中4只带有标记）

在第二个样本中，总共有10只鸟，其中4只鸟带有标记。因此，带标记的鸟与总种群的比率为4∶10，可简化为1∶2.5。

在第一个样本中，总共有8只鸟被做了标记。在第二个样本中，带标记的鸟和总数之间的比例为1∶2.5。假设这个比例适用于森林中所有该种类的鸟。这意味着森林中有8乘2.5，即20只这种鸟，这就是这种鸟种群的估算值。

$$8 \times 2.5 = 20（只）$$

真实世界

野外的老虎

科学家们使用标志重捕法来估算濒危物种（例如老虎）的种群。他们在森林中安装相机拍照，为了确保不重复数同一只动物，他们通过每只老虎身上独特的条纹来识别它们。

改善估算精确度

为了获得更准确的结果，你可以重复此过程。通过计算不同结果的平均数，你可以获得更可靠的数值。

	捕获的鸟总数	带标记的鸟的数量	总种群估算值
第一次捕获	10	4	20
第二次捕获	12	6	16
第三次捕获	9	4	18

$$平均估算值 = \frac{20 + 16 + 18}{3} = 18（只）$$

这是采样次数。

第一次我们算出可能有20只鸟。三次的平均结果是一个低一些但更准确的估算值。

试试看
如何估算数量

假如你取来一个大罐子，将它装满红色珠子，但你不知道有多少颗珠子！

从罐子中取出40颗红色珠子，再放入40颗蓝色珠子替换那些红色珠子。将盖子盖好，并将罐子里的珠子摇匀。

接下来，戴上眼罩，从罐子中取出50颗珠子，将它们放入一个碗里。

取下眼罩，数一数碗中总共有多少颗蓝色珠子。假设你发现50颗珠子中有4颗蓝色珠子。

你能猜出罐子里总共有多少颗珠子吗？可以使用左页中的方法，计算比率并估算珠子的总数。

如何运用数据改变世界

　　1853年~1856年，黑海附近的克里米亚爆发了一场战争。在这场战争中有成千上万的士兵死去。法国将领们以为，大多数士兵的死因是在战斗中受伤。但是，英国护士弗洛伦斯·南丁格尔却另有看法。她认为很多士兵实际上是由于医院的卫生状况不达标造成细菌感染而丧生的。她决定着手收集数据来证明这一点。

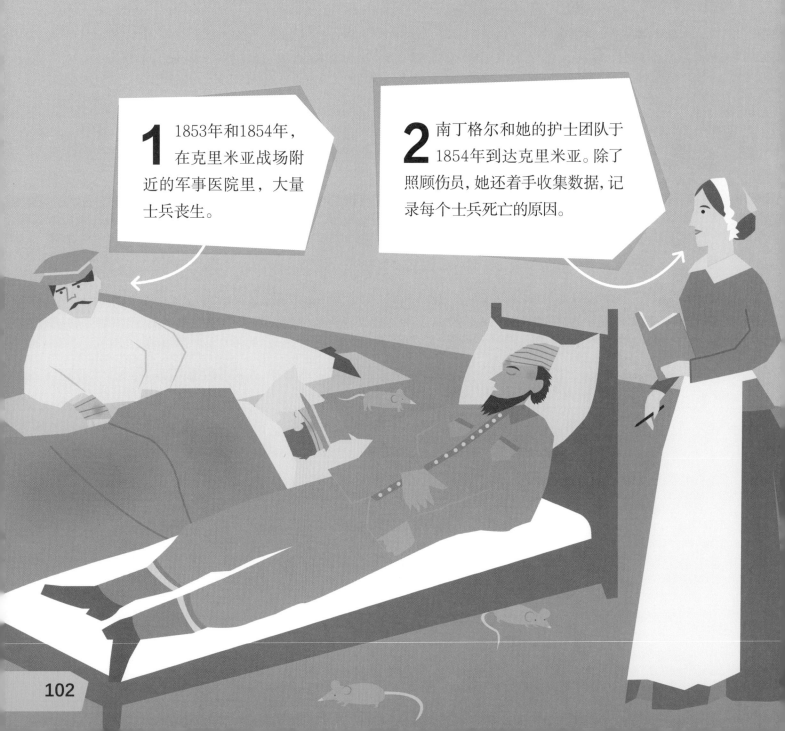

1 1853年和1854年，在克里米亚战场附近的军事医院里，大量士兵丧生。

2 南丁格尔和她的护士团队于1854年到达克里米亚。除了照顾伤员，她还着手收集数据，记录每个士兵死亡的原因。

运用数学方法
显示数据

南丁格尔制作了一个类似于现代饼图的图表来展示她的发现。这个图表被称为"玫瑰图"，直观地显示了大多数士兵并不是因为受伤而死，实际上如果改善医院的卫生条件的话，很多士兵的死亡是可以避免的。这种简单明晰的图表立即受到热烈欢迎，许多报纸都刊登了该图表，以便让公众看到。这种展示数据的方法非常有效，即便是普通人也很容易理解。南丁格尔以此说服了陆军将领们拨款改善军事医院的卫生条件。

克里米亚战区医院士兵死亡原因
（1854年7月~1855年3月）

- 战场上受伤造成的死亡。
- 其他因素（例如事故或先前存在不良的健康状况）导致的死亡。
- 由可预防疾病引起的死亡，例如霍乱、斑疹伤寒和痢疾。这些疾病是由于医院的卫生状况不达标而造成了传染。

每个扇形代表一个月，而扇形的大小代表该月死亡的士兵人数。

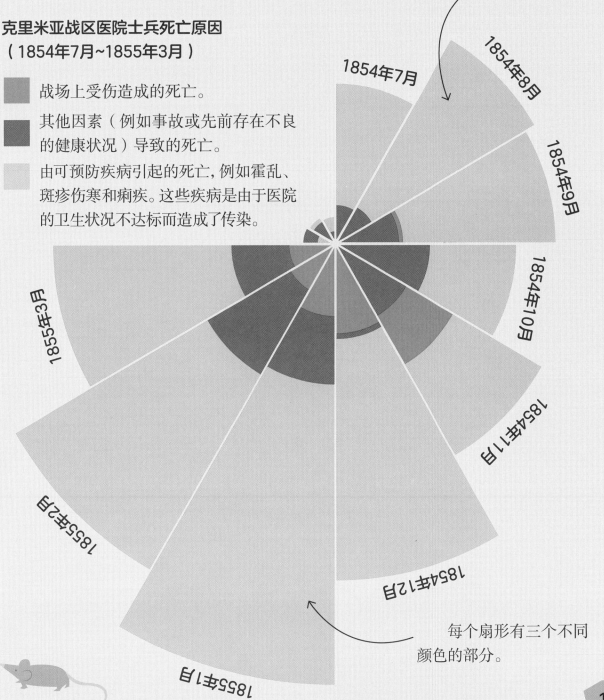

每个扇形有三个不同颜色的部分。

103

展示事实

南丁格尔并不是唯一在19世纪使用数据推动改革的人。英国医生约翰·斯诺和法国工程师查尔斯·约瑟夫·米纳德也用直观的图表展示了数据，为社会变革提供了有力的论据。

治愈霍乱

1854年，霍乱疫情席卷了英国伦敦的苏豪区，造成数百人丧生。当时，人们认为霍乱是通过难闻的气味传播的，但是约翰·斯诺医生证明霍乱实际上是通过污水传播的。为此，他在地图上绘制了死亡人数。该地图显示，所有死者都使用了同一个水泵抽上来的污水。斯诺的地图证明，只有改善当地供水的清洁度，才是防止霍乱进一步暴发的最好方法。

红色矩形表示霍乱病例的数量。矩形越大，表示病例越多。

受污染水泵的位置。

波兰街

杜福胡同

宽街

马歇尔街

新街

银街

追踪死亡人数

1869年，法国一些人抱怨军队最近在战争中经常失利。这种抱怨使法国工程师查尔斯·约瑟夫·米纳德感到惊恐，他试图提醒这些人，可怕的战争使多少人失去了无辜的生命。他用示意图描绘了在1812年拿破仑进攻俄罗斯的战争中丧生的法国士兵。尽管战争还在持续，但米纳德的示意图以其所展示的信息量大且简明扼要而备受赞誉。

随着冬天和俄罗斯增援部队的到来，法国军队撤退。

当拿破仑的军队被俄罗斯军队打败时，红线变细。

● 莫斯科

开始撤退

在聂门河附近，法国军队进军之初超过400000名士兵。

开始进军

聂门河

五个半月后，只有10000名士兵回到了聂门河。

灰色的细线代表拿破仑的军队撤退时的情况。士兵们死于疾病、饥饿和严寒。

图表的类型

图表以直观的方式展示数据，让我们可以快速阅读和了解情况。而且，图表使分析数据、寻找规律或得出结论更加容易。为了使图表有效，选择最佳图表类型来展示信息很重要。

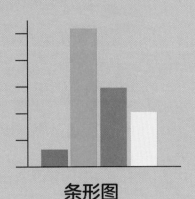

条形图

条形图让你可以快速排序并比较数量。

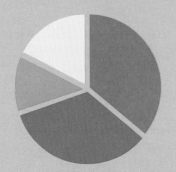

饼 图

饼图是划分为多个扇形的圆形图表。圆形代表所有数据，而其中每个扇形代表数据的一部分。

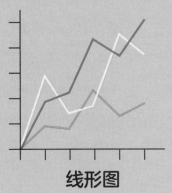

线形图

线形图让你可以绘制随时间变化的数据，帮助你找到规律。

试试看
如何说服你的父母

一位学生试图说服父母让她周末去朋友家玩。为了说服父母，她必须展示自己在做家务、做作业、看电视、玩电子游戏时所用的时间。从星期一到星期五，在课余的20个小时中，她花了5个小时做家务、10个小时做作业、2.5个小时看电视、2.5个小时玩电子游戏。她用饼图展示了这些数据。

现在，请你也制作一张饼图，向你的父母展示你过去五天的时间分配情况。

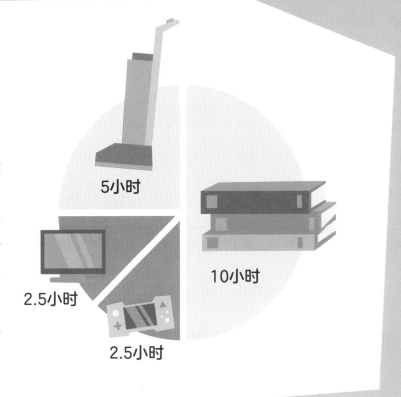

5小时

10小时

2.5小时

2.5小时

如何计算大数

自古以来，人们就有用十根手指辅助做计算的习惯。直到现在，我们的数字系统也只有十个数码。处理非常大或非常小的数字一直是一个难题。为此人们发明了一系列计算工具，从简单的算盘到高度复杂、可以存储指令并自动运算的计算机。

算 盘

算盘最早是苏美尔人发明的，与我们现在所使用的算盘完全不同。它们是用黏土制成的板子，有五列，每列代表不同的数位。将黏土符记放置在适当的列上，代表要加上或减去的数字。

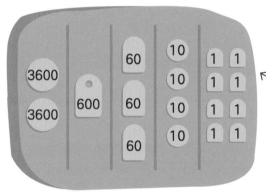

这些列分别为1位、10位、60位、600位和3600位。

7200 + 600 + 180 + 40 + 8 = 8028

约公元前2700年

约公元前200年

约公元前100年

星盘由圆盘和可以在盘面上旋转的部件组成。它用于航海和天文的计算。

航海辅助

星盘是一种仪器，航海家和天文学家可以利用它进行天文测量或计算，例如计算纬度。后来，发明家进一步改良星盘，增加了新的表盘和圆盘，使其能够进行准确计算。

齿轮计算机

1901年，在希腊安迪基西拉岛附近海底一艘有2000年历史的沉船中，人们发现了一架青铜机械装置——安迪基西拉机械。它能够进行大量的复杂计算。比如，对于给定的日期，它能够预测行星和恒星在天空中的位置。它被认为是最早的计算机。

被发现时，已经在海底度过了2000多年，严重受损，变得易碎。

纳皮尔筹

苏格兰学者约翰·纳皮尔设计了一个计算系统，可以做有难度的乘法和除法运算。这个系统由一组小棒组成（这些小棒最初是用兽骨制作的），每根小棒上都刻有数字，它们在一起组成一个"格乘"系统。计算时按一定规律操作小棒可以得到结果。

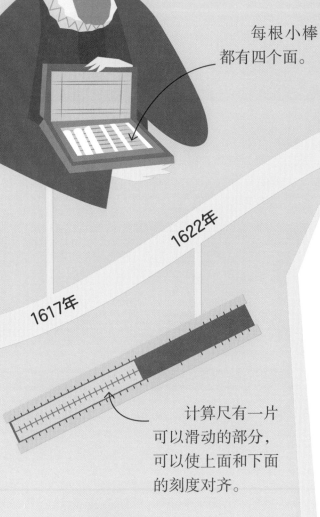

每根小棒都有四个面。

转动下面的拨盘时，这些窗口中就会出现数字。如果计算结果使一只拨盘上的数字超过9，则左侧窗口上的数字将加1。

收税计算器

为了帮助税务官父亲工作，法国18岁的布莱瑟·帕斯卡制作了第一台机械计算器。帕斯卡的机械计算器由一系列齿轮拨盘制成，虽然只能做加法运算，但它是当时最具创新性的计算器。帕斯卡后来成为法国杰出的数学家之一。

1642年

1837年

1622年

1617年

计算尺有一片可以滑动的部分，可以使上面和下面的刻度对齐。

巴贝奇与洛芙莱斯

英国数学家查尔斯·巴贝奇设计了一种"分析机"，如果建造完成的话，它将是世界上第一台巨大的、由蒸汽提供动力的机械计算机。有远见的数学家阿达·洛芙莱斯编写了一系列指令来给这台机器进行编程。如今，洛芙莱斯被公认为世界上第一位计算机程序员。

计算尺

英国数学家威廉·奥特雷德发明了第一把计算尺，它是一种袖珍型工具，可以在几秒钟内完成烦琐的计算。350年后，便携式电子计算器才取代了它。

图灵与甜点解码机

在第二次世界大战期间，英国数学家艾伦·麦席森·图灵协助盟军破解了德军的密码。他帮助制造了名为"图灵甜点"的密码破译机，用来破译密码。图灵的许多想法对计算机的发展产生了巨大的影响。

袖珍计算器

笨重的台式电子计算器于20世纪50年代后期问世。很快，随着微芯片技术的发展，使得缩小电子计算器的尺寸成为可能，推动了以电池为动力的便携式计算器的问世。作为一种手持仪器，这种便利的袖珍计算器可以执行复杂的算术运算并即刻得到结果，因此它很快成了热门产品。

电子计算机

美国陆军早期使用的电子计算机——ENIAC，体积庞大，占据了整整一间房。它是第一台公共领域的全电子可编程计算机。1949年，由英国剑桥大学的一个团队建造的EDSAC是第一台带有存储程序、可供非专家使用的实用计算机。它的问世使人们向现代计算机接近了一步。

1939年~1945年

1946年

1958年

1970年

微芯片

两名美国电子专家杰克·基尔比和罗伯特·诺伊斯想到了制造以"集成电路"为基础的"微芯片"，也就是将大量的电子元件直接制造在一小片硅芯片上。微芯片有助于缩小计算机的尺寸，同时也能提高它的计算能力。正是因为有了微芯片，家用计算机才得以在20世纪70年代问世。

互联网时代

美国学生阿奇·伊姆塔格开发了第一个搜索引擎"阿奇"。这是一个能够自动索引互联网上匿名FTP网站文件的程序。随着万维网的诞生，用户们从网络上获取所需要的信息有了可能性。同时用户们迫切需要使用万维网的搜索工具。如今，有超过20亿个在线网站和多个搜索引擎，每个网站都有自己的数学公式来优化搜索方式。

1990年

超级计算机

功能非常强大的计算机称为超级计算机。D-Wave超级计算机具有与5亿台台式计算机差不多的计算能力。超级计算机用于处理如天气预报和破译密码之类的复杂工作。云计算是另外一种获得超级计算能力的方法。其原理是将许多通过网络相互连接的计算机系统地组合在一起，集中资源以解决任何一台计算机都无法单独解决的问题。

1996年

现在

你知道吗？

人类计算者

英文单词"computer（计算机，计算者）"一词原来是指用笔和纸解决数学问题的人。这些人通常是女性，他们的工作对美国国家航空航天局早期太空飞行研究至关重要。

国际象棋冠军

计算机已经变得越来越智能化了。反映这一趋势的一件具有里程碑意义的事件是人类与计算机的一场国际象棋对抗赛。计算机技术巨头国际商业机器公司（IBM）生产的一台名为"深蓝"的计算机在与俄罗斯国际象棋冠军加里·卡斯帕罗夫进行的对抗赛中获胜。"深蓝"能够推理并预测棋步，它每秒可估算2亿步。

概率与逻辑
有什么用？

数学家们利用强大的逻辑可以解决很多问题，从最佳的步行路线，到小行星对地球上生命的威胁程度。借助概率这个工具，我们可以计算出不同结果的可能性，以此相对准确地预测未来。

如何计划行程

18世纪，一个很特别的难题使柯尼斯堡（现为俄罗斯的加里宁格勒）的居民感到困惑。这个城市有七座桥连接着各个区域，但是没人能找到一条既能走过城市的每个区域，又恰好走过每座桥一次的路线。瑞士数学家莱昂哈德·欧拉意识到这个设想是不可能实现的，这是一道无解的难题。

1 普雷格尔河穿过柯尼斯堡。在河中间有两座岛。这两座岛与河两岸的四个区域之间有七座桥。

2 当地人就一个问题争论不休：是否有可能步行走过每一座桥，并且只走过每个区域一次？没有人能找到这条路线，也没有人能解释原因。

3 当莱昂哈德·欧拉听说了这个问题后，他认为数学能够给出解释。欧拉简化了这个城市的地图，将它绘制成一幅简单的、和原来的地图在结构上相同的图。他证明了走过每座桥并且只走过每个区域一次的路线不存在。欧拉的方法后来发展成为数学的一个分支——图论。

做数学题
网路

当欧拉思考这个问题时，很快发现这条路线根本不可能存在。无论你从哪里开始，都不得不走过某座桥两次。欧拉意识到城市的其他布局和所走的路线都没有关系，他只需要考虑城市的四个区域（两座岛和两个河岸）以及连接它们的七座桥。

例如，从这里开始你的行程……

你会发现这条路不可能让你走过所有的桥。

欧拉路径

欧拉简化并重新绘制了地图，他用矩形代表每个区域，然后在它们之间添加了线条代表桥。欧拉注意到，这四个区域分别连接的桥的数量都是奇数。

欧拉突然意识到，如果这个难题有答案，那么一个人走过一座桥到达某个区域后，他就必须从另一座桥离开，所以这个区域所连接的桥的数量必须是偶数。也就是说，起点和终点这两个区域所连接的桥的数量可以是奇数，因为它们是路径的端点，而其他每个区域所连接的桥的数量必须是偶数。

欧拉用数学证明，走过柯尼斯堡的每个区域并且只走过每座桥一次是不可能的。解决这个问题的唯一方法是加上（或减去）一座桥，使连接两个区域的桥的数量变成偶数，这样就有可能走过每个区域并且只走过每座桥一次。后来，人们将这样的路径称为欧拉路径。

不可能，因为……

每个矩形代表一个区域。

每条线代表一座桥。

每个区域标有一个数字，代表连接该区域的桥的数量。

欧拉的图显示，每个区域所连接的桥的数量都是奇数。

3

5   3

3

有可能，如果……

增加一座桥意味着只有两个区域的连接数为奇数。

4

5   3

4

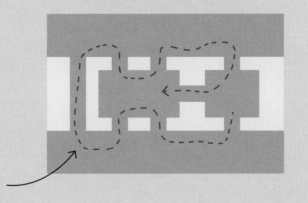

如果增加一座桥，那么这样走将成为可能。

试试看
如何找到最佳路线

一位送货员正在寻找小镇里最佳的送货路线。她需要走遍所有街道，以便探访每座房屋。她可以做到这一点而不必重复走任何一条街道吗？

这个小镇有四条环形道。

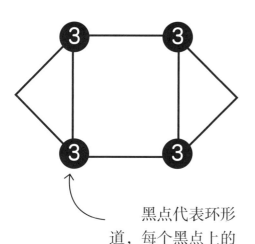

黑点代表环形道，每个黑点上的数字是连接它的街道数量。

每条环形道都与三条街道相连。由于有两条以上的环形道连接奇数条街道，因此送货员不可能在不重复走同一条街道的情况下走遍整个小镇。

在你住的城镇里选择四个地方，也可以选择你的朋友家。找到在它们之间行走的最佳路线，这条路线应该经过每个地方一次，而不能有重复走过的街道。

谜题

其中哪些图是成功的欧拉路径？看看你可以一笔画出哪几个图形？画的时候，每条线只能画一次，而且不能将笔离开纸面。

a)
b)
c)
d)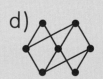

1 你被选为电视游戏节目的参赛者，真是太幸运了！这个电视游戏节目的游戏规则很简单：有三扇关闭的门，你所要做的就是选择其中一扇门来赢得门后的大奖。

如何在电视游戏节目中获胜

许多电视游戏节目都是基于运气获胜，但是有什么办法可以增加获胜的机会呢？增加获胜机会的关键在于了解概率，也就是发生某件事情的可能性。在20世纪70年代一个著名的游戏节目中，参赛者面临两种选择。怎样才能增加获胜机会？答案粗看起来似乎并不合乎逻辑，使很多人甚至一些数学家都感到困惑。

2 只有一扇门的后面有大奖——一辆崭新的跑车，而另外两扇门后面分别有一只山羊。虽然赢得山羊也不错，但是我们假设你想赢得跑车。

3 你该做出选择了。音乐响起，灯光变暗，观众们忽然安静下来，聚光灯照在你身上。你不能再犹豫了，主持人需要一个答案。于是，你选择了蓝色门。

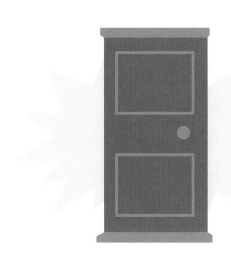

4 在打开蓝色门之前，主持人会暴露一只山羊的位置，来给你一点儿提示。她打开了绿色门，一只山羊走了出来。之后主持人问你，是坚持原来的选择，还是换一个？换句话说，你是否想将自己所选择的蓝色门换成粉红色门？

蒙提霍尔问题

是坚持原来的选择，还是换一个，这个问题被称为"蒙提霍尔问题的脑筋急转弯"。它以美国游戏节目《让我们做一个交易》的主持人的名字命名。游戏开始时，你有$\frac{1}{3}$的机会赢得跑车。

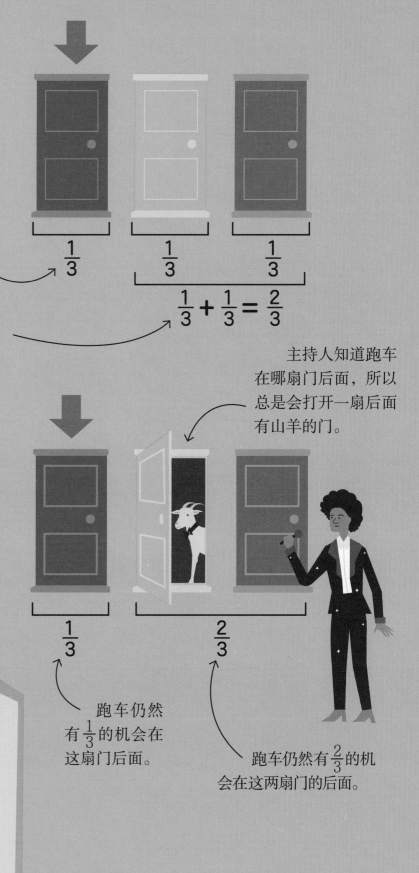

在主持人打开绿色门之前，跑车在蓝色门后面的机会是$\frac{1}{3}$。

跑车有$\frac{2}{3}$的机会在另外两扇门的后面。

$$\frac{1}{3} + \frac{1}{3} = \frac{2}{3}$$

主持人知道跑车在哪扇门后面，所以总是会打开一扇后面有山羊的门。

当主持人告诉你绿色门后面有一只山羊时，你可能会认为，无论是坚持还是改变主意都没有关系，因为还有$\frac{1}{2}$的获胜机会。但是，原始赔率并没有改变：跑车仍然有$\frac{1}{3}$的机会在你原来选择的门后面，而有$\frac{2}{3}$的机会在其他两扇门后面。不过现在你得到了更多信息。

跑车仍然有$\frac{1}{3}$的机会在这扇门后面。

跑车仍然有$\frac{2}{3}$的机会在这两扇门的后面。

你知道吗?

洗纸牌

当你洗好一副纸牌时，很可能没有任何人曾经洗的牌与你洗好的牌顺序完全一样。一副纸牌有8065817517094387857166063685640376697528950544088327782400000000000000种不同的顺序，因此两次洗好的牌顺序相同的可能性非常小。

坚持还是改变？

现在你知道跑车在绿色门后面的可能性为零。因此，跑车有$\frac{2}{3}$的机会在粉红色门后面。为了有更大的机会赢得跑车，你应该改变选择。改变选择后，你不一定会赢，但是赢的概率是输的概率的两倍。

现在，跑车有$\frac{2}{3}$的机会在粉红色门后面。

坚持原来的选择

改变选择

$\frac{1}{3}$　　0　　$\frac{2}{3}$

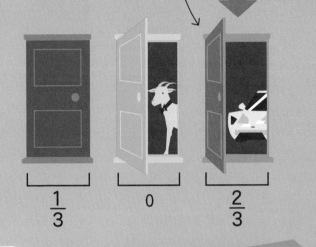

$\frac{1}{3}$　　0　　$\frac{2}{3}$

试试看

如何计算概率

你的朋友抛掷了两枚公平硬币（公平硬币是指出现正面和反面的概率相等的硬币），他没有告诉你全部结果，不过他告诉你至少其中一枚硬币出现了正面。

另一枚硬币也出现正面的概率是多少？

并不是$\frac{1}{2}$！想明白这一点，我们需要写出两枚硬币四种可能出现的结果：

正—正
正—反
反—正
反—反

根据我们得到的信息，我们可以排除"反—反"，因为我们已经知道其中一枚硬币出现了正面。于是只有三种可能性：正—正，正—反，反—正。在这三种结果中，只有"正—正"是一枚出现正面，而另一枚也是正面。因此，另一枚硬币也出现正面的概率实际上只有$\frac{1}{3}$。另外两种情况都不是在一枚出现正面的情况下，另一枚也是正面。

现在尝试掷两个公平的六面色子。其中一个色子出现6。另一个色子也出现6的概率是多少？

如何获释

警察以涉嫌抢劫银行的罪名逮捕了两名男子。警察虽然有证据证明他们都非法闯进了银行，但是并没有足够的证据给任何一名男子定罪。被分别关押的两名嫌疑人将面临警察的审讯。他们中的任何一个人都可以告发对方抢劫，好让自己得到宽大处理；或者保持沉默，如果对方不告发的话，则可以洗脱罪名。两名嫌疑人都在紧张地思考：自己是应该指证同伙，还是保持沉默？

1 两名男子因涉嫌抢劫银行而被拘留。警察虽然有证据证明他们都非法闯入银行，但是无法证明他们犯了抢劫罪。

2 将要面临审讯的两名嫌疑人被分别关押，所以他们无法串供，也不知道对方将如何回答警察的审讯。

嫌疑人甲

嫌疑人乙

3 如果每名嫌疑人都指证对方抢劫，则他们都将被判处有期徒刑10年。

嫌疑人甲

嫌疑人乙

嫌疑人甲

嫌疑人乙

4 如果嫌疑人乙保持沉默，但是嫌疑人甲指证他抢劫，那么嫌疑人乙将被判处有期徒刑10年，而嫌疑人甲将因为帮助警察而获释；反过来如果嫌疑人乙指证嫌疑人甲抢劫，而嫌疑人甲保持沉默，则结果相反。

嫌疑人甲

嫌疑人乙

5 如果他们都保持沉默，则将各自被指控非法闯入银行，并被判处有期徒刑2年。

支付矩阵

假设你是嫌疑人甲，不知道嫌疑人乙将会做什么，你怎么做才能为自己争取最短的刑期呢？支付矩阵可以权衡所有可能的策略，帮助你为自己争取最好的结果。

如果你俩互相指证，就都会因抢劫银行而被定罪。每个人都将面临10年有期徒刑，这是最糟糕的结果。

如果你保持沉默，但是嫌疑人乙指证你，那么他将获释，而你则获刑10年！

		嫌疑人甲	
		指 证	保持沉默
嫌疑人乙	指证	两名嫌疑人都因抢劫银行而被判处有期徒刑10年。	嫌疑人甲因抢劫银行而被判处有期徒刑10年。 嫌疑人乙获释。
	保持沉默	嫌疑人甲获释。 嫌疑人乙因抢劫银行而被判处有期徒刑10年。	两名嫌疑人都因非法闯入银行而被判处有期徒刑2年。

如果你俩都保持沉默，那么你俩都不会因为抢劫而被定罪。获刑2年对你俩来说是最好的结果。

如果你指证嫌疑人乙，那么你有可能获释，而嫌疑人乙则获刑10年。但这是一场赌博！如果他也指证你，那么你俩都会被判处有期徒刑10年。

博弈论

这个脑筋急转弯被称为"囚徒困境"，它是博弈论的一个示例。博弈论是数学家们想象的博弈游戏，游戏中的各个玩家需权衡各种策略来使自己获得最佳结果。政府、企业和其他组织也经常使用博弈论，预测人们在现实生活中的决策方式。例如，一个公司在决定如何给产品定价时，可能会使用博弈论。

试试看
柠檬汽水摊的竞争

有一天，在学校大门外，两位柠檬汽水摊的摊主展开了竞争。两位摊主都将一杯柠檬汽水的价格定为1英镑。一共有40位顾客，由两个摊位接待。20位顾客喜欢摊位A，而另外20位顾客喜欢摊位B。

如果一位摊主将价格降低到75便士（0.75英镑），他将会吸引竞争对手的所有顾客，但是每杯柠檬汽水的利润将减少。如果两位摊主都降低价格，每位摊主将继续接待50％的顾客，并仍出售相同数量的柠檬汽水，但是赚的钱都会减少。

你能给这个问题设计一个支付矩阵吗？

摊位A

摊位B

真实世界
吸血蝙蝠

吸血蝙蝠们为了共同的利益而合作，尽管这意味着它们中的每一只将少吸食些血液。每晚吸过血的吸血蝙蝠会赠送一些血液给其他没有找到猎物的蝙蝠。它们之所以这样做，是因为当找不到晚餐时，也会得到其他蝙蝠回赠的血液。如果吸血蝙蝠连续错过两顿晚餐，将会死亡，这种合作精神减少了吸血蝙蝠的死亡，确保了这个物种的生存。

如何创造历史

从使用计算器和钟表，到使用导航和互联网，数学和数学发明成了我们日常生活中的重要组成部分。因此，我们要感谢历代的数学家们。在下面的时间轴上出现的只是一部分数学家，除了数学外，他们在建筑学、物理学、导航和太空探索等领域也都做出了很大的贡献。

希帕蒂亚

古罗马女数学家。当时的学者们从世界各地赶到埃及的亚历山大，目的是向希帕蒂亚学习。希帕蒂亚重新编写了古代的数学课本，以使它们更容易理解。

刘 徽

刘徽是中国古代著名的数学家之一。他提出了负数的运算规则。他的研究推进了建筑和制图领域的发展。

约225年~约295年

约370年~约415年

阿尔·花剌子米

阿尔·花剌子米被称为"代数之父"，他生活和工作于巴格达（现伊拉克首都）。他写的《代数学》是最早有关代数的书籍之一。他还促进了印度-阿拉伯数字的广泛使用。

斐波纳奇

意大利数学家斐波纳奇从北非将数字0的概念引入欧洲。他在《计算之书》中研究了一个数列，其中每个数字都是它前面的两个数字的和。这迷人的数列有许多美妙的性质，应用广泛。这个数列现在被称为"斐波纳奇数列"。

约780年~约850年

约1170年~约1254年

毕达哥拉斯

古希腊的毕达哥拉斯被称为"第一位数学家"。他相信一切都可以用数学来解释。作为一位热衷于竖琴演奏的人，他用数学解释了类似竖琴的弦乐器的工作原理。

欧几里得

古希腊数学家欧几里得定义了与形状有关的数学规则。形状的研究领域后来被称为几何学，欧几里得也因此被称为"几何之父"。

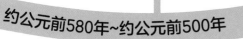
约公元前580年~约公元前500年

约公元前330年~约公元前275年

阿基米德

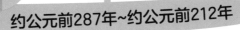

古希腊发明家阿基米德运用数学原理设计了一些有创意的机器，例如巨型弹射器。另外，在意识到从浴缸中溢出的水量与身体浸入水中的体积成正比之后，他发现了阿基米德原理。

约公元前287年~约公元前212年

马德哈瓦

尽管马德哈瓦的大部分工作成果都已在历史中遗失，但我们知道，他确实是一位极具开创性的数学家，因为其他数学家们引用了他的成果。他在印度成立了"喀拉拉邦学派"。

达·芬奇

这位意大利画家也是一名数学家。达·芬奇运用几何规则，以极高的精确度来确定他绘画作品中的透视比例，而不是只用肉眼观察。

约1340年~约1425年

1452年~1519年

与 =

乔治·布尔

英国数学家乔治·布尔是数理逻辑的奠基人之一。将数学应用于"逻辑"，目的是将复杂的思维转化为简单的方程式，这是迈向人工智能的第一步。

詹姆斯·克拉克·麦克斯韦

来自英国的詹姆斯·克拉克·麦克斯韦用数学方法来研究和解释科学问题。他发现了电磁波的存在，使后来的无线电、移动电话和电视的发明成为可能。

1815年~1864年

1831年~1879年

阿达·洛芙莱斯

世界上第一位计算机程序员阿达·洛芙莱斯出生于英国。她"翻译"了查尔斯·巴贝奇的"分析机"，并为这台机器进行编程。

索菲·热尔曼

作为女性，在法国出生的索菲·热尔曼被禁止上大学，但是她使用假名与数学家们进行交流。她提出了对"费马大定理"的部分证明。这个难题的名字取自法国人皮埃尔·德·费马，他自称在1665年去世之前就已经解决了这个难题，但他没有解释自己是如何做到的。

1815年~1852年

1776年~1831年

皮埃尔·德·费马

法国律师皮埃尔·德·费马利用业余时间研究数学。他与布莱士·帕斯卡一起提出了概率论，并找到了求曲线的最高点和最低点的方法。艾萨克·牛顿后来运用这个方法发明了微积分。

布莱瑟·帕斯卡

除了与皮埃尔·德·费马一起研究概率论外，法国人布莱瑟·帕斯卡还创造了射影几何学（直线和点的研究）。他还发明了世界上第一台计算器，并用来帮助他的税务官父亲。

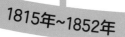

1601年~1665年

1623年~1662年

哥德弗雷·哈罗德·哈代

英国数学家哥德弗雷·哈罗德·哈代提倡为了获得乐趣而学习数学，而不是将数学视为应用于科学、工程和商业等领域的方法。他的成果对基因研究起了重要作用。

1877年~1947年

艾米·诺特

出生于德国的艾米·诺特的研究成果对现代物理学做出了贡献。她使用数学方法对德国出生的物理学家阿尔伯特·爱因斯坦的工作进行了修订，帮助他解决了其中的一些理论问题。她的工作使一个新的数学领域得以出现——抽象代数。

1882年~1935年

玛丽亚·阿格尼西

出生于意大利的玛丽亚·阿格尼西是第一位被博洛尼亚大学任命的女性数学教授。她还编写了一本很受欢迎的数学教科书。

1718年~1799年

艾米丽·沙特莱

艾米丽·沙特莱利用家族在法国较高的社会地位来学习数学，并自己花钱编写教科书。除了自己编写教科书外，她还将艾萨克·牛顿的著作翻译成法文，并在其中添加了自己的心得。

1706年~1749年

艾萨克·牛顿

英国物理学家、数学家艾萨克·牛顿创建了微积分这种新型数学，使解决困难的数学问题成为可能。他运用数学方法研究了行星的运动规律和声速。他因用数学方法解释了重力而闻名。

1643年~1727年

戈特弗里德·威廉·莱布尼茨

来自德国的戈特弗里德·威廉·莱布尼茨是第一位发表微积分理论的人。尽管微积分的发明被归功于艾萨克·牛顿，但是如今的数学家用的是莱布尼茨发明的微积分符号。莱布尼茨还发明并完善了二进制系统，这个系统后来成了构建现代计算机的基础。

1646年~1716年

斯里尼瓦瑟·拉马努金

这是一位自学成才的印度神童。他给当时的数学家们写了一封充满非凡想象力的信。英国数学家哈代从中看出拉马努金的才华，遂邀请他到英国剑桥大学与他一起工作。在哈代的指导下，拉马努金与他一起研究数学问题。他的工作有助于提高计算机运算的速度。

1887年~1920年

约翰·冯·诺依曼

出生于匈牙利的约翰·冯·诺依曼发明了"博弈论"，这是一种运用数学方法在游戏或其他情况下找到最佳策略的方法。他是美国推动原子弹开发的关键人物。他还倡导在数学研究中使用计算机，他的工作有助于改进计算机编程。

1903年~1957年

凯瑟琳·约翰逊

凯瑟琳·约翰逊在美国国家航空航天局工作，她主要负责运算将宇航员送上月球所需要的数据。她与其他人共同出版了航空航天学方面的著作。

1918年~2020年

本华·曼德博

出生于波兰的本华·曼德博创立了分形几何，他用数学语言解释了自然界中的非对称性（例如云彩和海岸线）。他的分形几何学背后的数学公式显示出无序中的有序。

1924年~2010年

安德鲁·威尔斯

英国数学家安德鲁·威尔斯从小就对费马大定理着迷。经过7年的努力，他终于解决了这个困惑了数学界长达358年的难题。

1953年~

格雷斯·霍珀

格雷斯·霍珀在加入美国海军并晋升为海军少将之前曾担任大学讲师。她设计了方便使用的编程语言"COBOL"，并以此推广计算机的应用，使非数学家也能方便地使用计算机。

1906年~1992年

艾伦·麦席森·图灵

英国数学家艾伦·麦席森·图灵提出了一种理论上的"计算机"，即图灵机，并指出这样的机器可以解决所有可以用算法表示的数学问题。第二次世界大战期间，图灵致力于密码研究，对破解德军的秘密信息起了重要作用。

1912年~1954年

爱德华·诺顿·洛伦茨

美国数学家、气象学家爱德华·诺顿·洛伦兹提出了一个问题："一只蝴蝶在巴西轻拍翅膀，会导致一个月后得克萨斯州的一场龙卷风吗？"他认为无序或混乱的事件在开始时是可预测的，但是离起点越远，表现出的随机性就越强。

1917年~2008年

保罗·埃尔德什

古怪的匈牙利数学家保罗·埃尔德什将一生都塞进了手提箱。他周游世界50年，在此期间，一直与其他数学家们探讨数学难题。他一生中发表了许多不同主题的数学论文。他对质数特别感兴趣。

1913年~1996年

玛丽安·米尔札哈尼

曾有一位老师说出生于伊朗的玛丽安·米尔札哈尼不擅长数学，但她证明了老师的想法是错误的。2014年，由于对数学界的贡献，她成为第一位获得菲尔兹奖的女性。她的研究涉及曲面数学。

1977年~2017年

爱 玛

在2019年的国际圆周率日，谷歌的日本雇员爱玛计算出圆周率的值达到了小数点后31.4万亿位数字，创造了新的世界纪录。这一成果是在121天的时间内使用谷歌云平台虚拟链接的25台计算机得到的，整个计算过程产生了大约170 TB的数据。

1986年~

词汇表

（以下词义仅限于本书的内容范围）

abacus 算盘

一种古老的数学工具，至今仍然在使用。最初的算盘是在沙坑中或在木板、石板、金属盘上移动的豆子或石头。如今的算盘通常是竹制长方形框，框中嵌有直柱，直柱上有可以滑动的珠子。

abstract algebra 抽象代数

研究各种抽象的公理化代数系统的数学学科。包含群、环、格论等分支。

Achilles 阿喀琉斯

在希腊神话中，阿喀琉斯是特洛伊战争中的英雄，也是《荷马史诗·伊利亚特》中的主要人物之一。

AD 公元

AD 是拉丁语"Anno Domini"的缩写，意思是"主的生年"或"基督纪元"，也就是公历纪元。

addition 加法

基本的四则运算之一，是将两个或者两个以上的数、量合起来，变成一个数、量的计算。

algebra 代数

数学的一个分支。在代数中，我们用字母或其他符号来代表未知数。

analyse 分析

以解释为目的，系统地检查某事物，尤其是信息。

ancient Babylon 古巴比伦

古巴比伦王国诞生于美索不达米亚平原上，其遗址大约位于今伊拉克境内。

ancient Egypt 古埃及

四大文明古国之一，位于非洲东北部的尼罗河沿岸，持续了 3000 多年（约公元前 3150 年～公元前 30 年）。

ancient Greece 古希腊

几千年前统治地中海大部分地区的文明。古希腊文明是当今许多西方文化的源头，在政治、哲学、科学、数学、艺术、文学乃至体育等方面对西方文化有很大影响。

ancient Rome 古罗马

公元前 9 世纪初兴起的、强大而重要的文明，统治了整个欧洲近 1000 年。虽然这个文明在 5 世纪瓦解，但是它的文化仍然在政治、工程、建筑、语言和文学等领域影响着当今的西方世界。

angle 角度

从一个方向到另一个方向的转动量，也可以将它视为相交的两条线之间的方向差异。角度通常用度(°)来衡量。

arc 弧

圆圈上任意两点间的部分。

archaeology 考古学

研究古代人类遗留下来的物质资料的学科，目的是了解古代人类的文化和生活。研究考古学的科学家被称为考古学家。

Archimedes principle 阿基米德原理

流体静力学的一个重要原理。指出浸入静止液体中的物体受到的浮力大小等于其所排开的流体重量，其方向是垂直向上并穿过排开流体的中心。

architecture 建筑学

研究建筑物及其环境的学科。建筑作品经常被视为文化符号和艺术品。

area 区域；面积

区域是指乡村、城镇、国家或世界的一部分；面积是平面或曲面上一块区域的大小，用平方单位度量，比如平方米。

Arecibo message 阿雷西博信息

这条信息是 1974 年从波多黎各的阿雷西博天文台向我们星系边缘的武仙座球状星团发送的星际无线电信息，其中包含有关人类和地球的基本信息。它是对人类科技成果的展示，而不是与外星人进行对话的尝试。

Arecibo Radio telescope 阿雷西博射电望远镜

阿雷西博射电望远镜位于波多黎各的阿雷西博市，其直径达 305 米，曾经是世界上最大的单面口径射电望远镜。它主要用于三个研究领域：射电天文学、大气科学和雷达天文学。

arithmetic 算术

数学的一个分支，是数学中最基础的部分。

arithmetic sequence 等差数列

一个数列中任何相邻两项之差为同一个常数，这个数列就称为等差数列。

artificial intelligence
人工智能

利用机器模仿人类的认知、思考和学习等智力活动。人工智能涉及许多领域，例如计算机科学、数学、语言学、心理学、神经科学和哲学等。

asteroid 小行星

小行星是指太阳系内沿椭圆形轨道围绕太阳运行，但体积和质量比行星小得多的天体。太阳系中的大多数小行星都位于火星和木星之间的小行星带中。

astrolabe 星盘

星盘是古代天文学家、占星师和航海家用来进行天文测量的一种重要的天文仪器。

astronomy 天文学

研究天体的结构、形态、分布、运行和演化等的学科，一般分为天体测量学、天体力学、天体物理学和射电天文学等。

atomic clock
原子钟

一种时钟装置，利用原子中的电子的快速重复振动来记录时间。原子钟是目前世界上最精确的计时器，可以达到每 2000 万年仅误差 1 秒的精确度。

average 平均

平均是指把总数按份儿均匀计算。通常，平均是指平均数，即一组数字的总和除以这一组数字的数量。

axis 轴

坐标系中作为框架和度量的直线称为轴。另外，对称线也称为对称轴。

axis of rotation
旋转轴

当三维几何体绕着一条固定直线旋转时，这条固定直线称为旋转轴。

Axis of symmetry
对称轴

当一个几何图形在一条直线或一个平面的两侧互为镜像时，则它具有反射对称性。对于二维图形，我们将这条直线称为对称轴。一个对称图形可以具有一条或多条对称轴。

Aztec civilization
阿兹特克文明

阿兹特克文明是墨西哥古代阿兹特克人所创造的印第安文明。他们从 14 世纪到 16 世纪统治着阿兹特克帝国。

balance 平衡

重量均匀分布，使人或物保持稳定。

bar graph 条形图

条形图是用宽度相同的条形的高度或长短来表

示数据多少的图形。条形图是由英国工程师威廉·普莱费尔发明的。

base 20 system
二十进制系统

以 20 为基数的记数系统。玛雅文明和阿兹特克文明使用这个系统。

base 27 system
二十七进制系统

以 27 为基数的记数系统。巴布亚新几内亚的某些部落使用这个系统。

base 60 system
六十进制系统

以 60 为基数的记数系统。古巴比伦人使用这个系统。

BC 公元前

BC 是"Before Christ"的缩写，意思是耶稣基督诞生之前，也就是公元前，因为公元纪年以相传的耶稣基督诞生年为公历元年。

beam balance
杠杆秤

精密的衡器，有等臂杠杆的秤。

binary code
二进制代码

由两个基本字符"0"和"1"组成的代码。

binary system
二进制系统

以 2 为基数的记数系统，它只有 0 和 1 这两个数码。电子计算机就是用二进制形式存储和处理数据的。

book cipher
书本密码

一种密码，它的密钥是发送者和接收者预先约定的书籍。这种密码由雅各布斯·西尔维斯特里于 1526 年发明。

Brahmi numerals
婆罗米数字

公元前 3 世纪的一个数字系统，后来逐渐发展成为我们现在使用的印度 - 阿拉伯数字。

Caesar cipher
恺撒密码

一种替换密码，以罗马共和国执政官恺撒大帝的名字命名。方法是将所有字母以一个固定数向左或向右移动（字母表首尾相接）。例如，左移 3 位时，E 被 B 替换，D 被 A 替换，A 被 X 替换，以此类推。

calculation 计算

根据已知数通过数学方法求得未知数。

calculator 计算器

用于数学计算的仪器，带有键盘和显示器的便携式电子设备。

calendar
历法，日历

用年、月、日计算时间的方法。根据月相圆缺变化的周期所制定的日历称为阴历，而根据地球绕太阳公转的位置所制定的日历称为阳历。我们现在使用的公历就是阳历。

calendar round
历法循环

卓尔金历与哈布历每隔 52 个哈布年就会重复一次，这个周期称为"历法循环"。

candle clock 蜡烛钟

刻有标记的蜡烛。古人燃烧这样的蜡烛来记录时间。

capture-recapture method
标志重捕法

这是生态学中常用的一种估算动物种群大小的方法。这种方法适用于无法对每个个体进行计数的情况。它采用抽样方法：随机捕获样本，做标记并计数，然后释放样本。经过一段时间后，再随机捕获样本，然后按照有标记的比例来估算种群大小。

Carbon-14 dating
碳-14 年代测定法

也称为放射性测年法。自然存在的碳-14 同位素具有放射性，因此它的质量每 5730 年会衰减一半。利用这个特性，我们可以推算动物或植物存活的年代。这个方法由美国芝加哥大学教授威拉德·利比发明，1960 年他因此获得诺贝尔化学奖。

C.E. 公元

"Common Era" 的缩写。公元是被当今国际社会广泛使用的纪年法。它以相传的耶稣基督诞生年为公历元年。在公历元年以前的时间称为公元前。值得注意的是，公元纪年中没有公元零年。公元 1 年的前一年是"公元前 1 年"。

cell phone triangulation
手机三角定位法

一种数学方法，利用处于不同位置的三座手机塔探测手机的距离，然后运用三角形原理确定手机的位置。

centre of rotation
旋转中心

当一个二维图形绕着一个固定点旋转时，这个固定点称为旋转中心。

chess 国际象棋

一种两人对弈的棋类游戏，在 8×8 的正方形棋盘上进行。人们认为国际象棋起源于公元 7 世纪之前的某个时间。现在国际象棋依然很流行。

cipher 密码

密码是加密或解密的算法。它是通信双方按照约定的方法进行的。例如用字母、数字或符号代替一段文字中的字母，以隐藏文字的含义。加密是将信息转换为密码。

ciphered text 密文

在密码学中，密文是指经过加密处理之后的信息。这个信息中隐藏着原文（称为"明文"）。但是如果没有适当的解密机制，我们将无法读取明文。

circle 圆形

一个二维图形，它圆周上的每个点到圆心的距离（也就是半径）都相等。

circumference 周长

环绕有限面积的区域边缘的长度积分叫作周长，也就是图形一周的长度。

circumference of a circle

圆周长

圆周长是指绕圆一周的长度。如果将圆形打开并拉成直线，则这条直线的长度就是圆周长。

clock 时钟

时钟是生活中常用的一种计时器，人们通过它来记录时间。时钟是人类为了测量比自然单位（日、月和年）更短的时间间隔而发明的。

cloud computing 云计算

一种基于互联网的计算方式，通过互联网使大量的计算机形成一个计算能力极强的系统，统一管理和调度资源，将任务分布在各个计算机上，安全可靠地进行超大规模计算，根据用户的需求提供个性化服务。

code 代码

表示信息的符号组合。例如，莫尔斯电码就是将字母代换为点和线的代码。

comet 彗星

由冰、岩石和尘埃构成的小天体，以椭圆形轨道绕着太阳运行。当它们接近太阳时，会变暖并释放气体，并在太阳的辐射作用下形成彗头和彗尾，状如扫帚。

common difference 公差

等差数列中任意一项与它的前一项的差永远相等，这一相等的差叫作公差。

common ratio 公比

等比数列中任意一项与它的前一项的比永远相等，这一相等的比叫作公比。

composite number 合数

在大于1的整数中，除了1和这个数本身，还能被其他正整数整除的数。

computer 计算机

用于计算和存储数

据的电子设备。

**computer science
计算机科学**

研究计算机及其周边各种现象和规律的科学。

**computing power
计算能力**

计算机执行运算的速度。一台计算机拥有的计算能力越强，它在设定的时间内可以执行更多的运算。

**coordinate system
坐标系**

坐标系是理科常用的辅助方法。使用坐标系可以将几何问题转化为代数问题，反之亦然。它是解析几何的基础。

coordinates 坐标

能够确定一个点在空间的位置的一组数，叫作这个点的坐标。

**corresponding angles
同位角**

当一条直线与一对平行线相交时，它与每条平行线在相似的位置形成的角是相等的，这些角称为同位角。

counting 计数

计数是重复加或减某事物的过程。通常，这是为了计算物体的数目。计数的发展为数学符号和数字系统的发展奠定了基础。

counting rod 算筹

算筹实际上是一根根同样长短和粗细的小棍子。中国古代商人使用算筹来记录交易。红色算筹代表正数，黑色算筹代表负数。

**Coxcomb chart
南丁格尔玫瑰图**

在克里米亚战争期间由英国护士南丁格尔发明的图表，用来显示克里米亚战争期间士兵死亡的原因和数量。它类似于现在的饼图。

**cross section
横截面**

在几何学中，横截面的定义是三维几何体与平面的相交面。

**Cryptography
密码术**

密码术是一种为了使信息无法被外人理解，而对信息进行加密的方法。

cube 正方体

一个三维几何体，它有12条相等的棱、6个相等的正方形面和8个顶点。

curve 曲线

数学中直线和非直线的统称。

data 数据

进行各种统计、计算、科学研究或技术设计等所依据的数值。

**data collection
数据收集**

有计划、系统地收集有关数据的过程。目的通常是为了研究或评估一个特定的问题。

**Data representation
数据表达**

呈现数据的方式，包括使用图形、图表、地图等。这些方式有助于将数据视觉化，从而使数据更易于理解。

**data sample
数据样本**

在统计和定量研究方法学中，样本数据是通过一定的程序从统计总体中选取的一组数据。

**data table
数据表**

一种显示数据的表格。它将数据以行和列的形式显示，并标明行和列的名称。

day 天

一天大约是地球自转一圈所需的时间。

decimal 十进位的

与数字 10 有关的，或与十分之一、百分之一等有关的。

**decimal place
小数位**

小数点右边的数位，代表小于 1 的部分。第一个数位为十分之一，第二个数位为百分之一，以此类推。例如，四分之一（$\frac{1}{4}$）写成小数是 0.25，表示 0 个 1，2 个 $\frac{1}{10}$，5 个 $\frac{1}{100}$。

**decimal point
小数点**

用于在十进制中隔开整数部分和小数部分的符号。

**decimal system
十进制系统**

以 10 为基数的记数系统，这个系统有 0、1、2、3、4、5、6、7、8 和 9 这 10 个数码。

decipher 解密

解密是加密的逆过程，是将密文转换为明文的过程。

Deep Blue 深蓝

深蓝是计算机技术巨头国际商业机器公司（IBM）开发的国际象棋游戏计算机。它于 1997 年在与俄罗斯国际象棋冠军加里·卡斯帕罗夫的巅峰对决中获胜，被认为是人工智能发展史上一个重要的里程碑。

denominator 分母

分式中写在分数线下面的数，表示整体一共被分成多少份。

device 仪器

用于实验、计量、观测、检验、绘图等比较精密的器具或装置。

dial 刻度盘

钟表、仪表上的刻度盘，上面有表示时间、度数等刻度或数字。

diameter 直径

通过圆心或球心并且连接圆周或球面上两点的线段。直径的长度是半径的两倍。

dice 色子

通常是一个小立方体，每侧都有不同数目的点或 1～6 的数字，可用于一些涉及概率的游戏。

digit 数字

用于表达数字的符号，例如：0、1、2、3、4、5、6、7、8、9。

digital technology 数字技术

将各种信息，包括文、声、图像等转化为数字，并在数字状态下进行处理的技术，包括运算、加工、存储、传送、传播、还原等。信息在电子计算机内只能用数字 0 和 1 表示。随着电子计算机的发展，数字技术的应用越来越广泛。

direction 方向

东、西、南、北、前、后、左、右、上、下等方位。

discount 打折

降低原来的定价。

distance 距离

两点之间的长度。特指两点之间长度的数值描述。

DNA 脱氧核糖核酸

生物细胞内携带遗传密码的分子的化学名称。DNA 是孩子从父母那里遗传的。这就是为什么孩子与父母会有一样的肤色、发色和眼睛颜色等特征的原因。

dosage 剂量

医学上指药物的使用量。为了治愈患者，药物的剂量正确非常重要。

dot and line tallying 点线记数法

古代的一种记数系统。例如用点代表数字 1～4，数字 5～10 则是在两点之间分别添加线条，先形成一个方形，然后添加对角线。最终，这些点和线构成了数字 10。

driverless car 无人驾驶汽车

也称为自动驾驶汽车，是一种能够感知环境并在很少或没有人工干预的情况下安全行驶的汽车。无人驾驶汽车运用多种传感器来感知周围环境，例如摄像机、激光雷达、声呐、全球定位系统、里程计和惯性测量单元等。它可以分辨传感信息、识别路径、障碍物和相关标志。

D-Wave supercomputer

D-Wave 超级计算机

超级计算机，具有与5亿台台式计算机相当的数据处理能力。

Earth 地球

地球是我们居住的行星，并且是目前唯一已知存在生命的天体。地球的形状近乎球形。但由于地球的自转，地球的两极略微扁平，赤道周围略微隆起。

EDSAC

EDSAC 是 Electronic Delay Storage Automatic Calculator（电子延迟存储自动计算器）的缩写，是由英国剑桥大学制造的电子计算机，于 1949 年 5月 6 日正式运行。它是世界上第一台带有存储程序的实用计算机。

Egyptian hieroglyphics

埃及象形文字

古埃及人使用的一种古老的文字系统，其中有表示数字的符号。

elevation 海拔

从平均海平面起算的高度。

engineering 工程学

运用数学、物理及其他自然科学的原理来设计有用物体的进程。实践工程学的人称为工程师。

ENIAC

电子数字积分计算机

第一台通用全电子可编程计算机。它是为美国陆军弹道研究实验室设计的，于 1945 年建成，1946 年 2 月正式对外公布。当时报纸称它为"巨脑"，它确实非常庞大，重约 31 吨，占地面积约为 170 平方米。

Enigma machine

恩尼格玛密码机

它是一种用于加密与解密文件的机器。第二次世界大战期间德军用来传输秘密信息的著名加密机。它的编码有很多变化，从而使其他国家在战争期间破解德军的秘密信息变得异常困难。

equation 等式

表示两个数或两个代数式相等的算式，中间用等号相连，例如 $2 + 2 = 4$。

escapement

擒纵装置

擒纵装置是机械钟表中的机械联动装置。它为计时元件提供动力，并周期性地制动和释放齿轮系统，以使钟表指针有节奏地运动。

中国唐代僧人一行发明了最早的擒纵装置。

estimate 估算

近似的计算方法；没有被精确计算的数。通常是将一个或多个数字向上或向下舍入后再进行计算。

Eulerian Path 欧拉路径

在图论中，欧拉路径是有限图中的一条路径，该路径恰好经过每条边一次。欧拉路径以数学家莱昂哈德·欧拉的名字命名。他在 1736 年解决著名的柯尼斯堡七桥问题时对欧拉路径进行了详细讨论。

even number 偶数

可以被 2 整除的整数。

fair coin 公平硬币

抛掷后，出现正面和反面的概率相等的硬币。

Fibonacci sequence 斐波纳奇数列

以意大利数学家斐波纳奇的名字命名的数列。这个数列从 0 和 1 开始，之后的每项数字都是它前面两项数字之和。另外，它的两个相邻项的比率随着项数的增加而趋向于黄金比例。

finite 有限的

如果某件事是有限的，那意味着它将会结束。有限的是相对于"无限的"而言。

formula 公式

用数学符号或文字表示各个数量之间的关系的式子。

fractal 分形

分形通常被定义为"一个粗糙或零碎的几何形状，可以分成数个部分，且每一部分都（至少近似地）是整体缩小后的形状"，即具有自相似的性质。分形的概念是由波兰裔法国和美国数学家本华·曼德博首先提出的。

fraction 分数

把一个单位分成若干等份，表示其中的一份或几份的数。例如 $\frac{3}{7}$，就是将 1 分成 7 份，取其中的 3 份。

frequency 频率

在单位时间内某种事情发生的次数。

game theory 博弈论

博弈论是研究不同利益的决策者在利益相互制约的情况下如何决策以及决策的总体效果的理论。

geometric sequence 等比数列

等比数列是指从第二项起，每一项与它前一项的比值等于同一个常数的一种数列。

geometry 几何学

研究形状、大小和空间的学科，是数学的一个分支。

geyser 间歇泉

一种温泉，特征是间断地喷发伴有水汽的泉水。美国怀俄明州的黄石国家公园有多个间歇泉。

Global Positioning System
全球定位系统

全球性的导航系统，是一个中高轨道导航卫星系统，结合卫星及通信发展技术，利用导航卫星进行测时和测距。目前的全球定位系统由 24 颗卫星组成，分布在 6 个以地球为中心的轨道平面上。

gnomon 晷针

日晷上投射阴影的装置。它影子的位置和长度可以用来显示时间。

golden ratio
黄金比例

黄金比例的值约为1.618，它的倒数是0.618。这个比率在自然界很多美丽的事物中出现，因此它被认为是最令人赏心悦目的比率，常常被用于建筑、绘画、雕塑、摄影、设计等作品的创作中。黄金比例与斐波纳奇数列有密切关系。

graph 图表

表示各种情况和注明各种数字的图和表的总称。

graph theory 图论

数学的一个分支。它的主要研究对象是图。图是由若干给定的点及连接两点的线所构成的图形。

gravity 万有引力

万有引力是存在于物体之间的相互吸引的力。

地球上的物体之所以下落是因为地球的万有引力（也就是重力）将它们拉向地面。

Greenwich Mean Time
格林尼治标准时间

格林尼治标准时间是指位于通过英国伦敦郊区的格林尼治天文台的标准时间。通过那里天文台子午仪中心的经线被定义为的本初子午线。

Gregorian calendar
格里历，公历

也就是公历纪年法，是当今世界上大多数地方使用的日历。它于1582年被罗马教皇格里高利十三世批准颁行。

grid 网格

相互交叉的直线形成的正方形或矩形的线网。

**Haab calendar
哈布历**

玛雅历中的一部分。哈布历的一个周期为 365 天。

height 高度

从物体的底部到顶端的距离。

hexagon 六边形

一种二维图形，有 6 条边和 6 个角。6 条边全都相等的六边形称为正六边形。蜂巢就是正六边形结构。

**hieroglyph
象形文字**

描摹实物形状的文字，每个字有固定的读法，和没有固定读法的图画文字不同。古埃及人和玛雅人都使用象形文字，中国的甲骨文也是象形文字。

**Hilbert's hotel
希尔伯特旅馆**

由德国数学家大卫·希尔伯特提出来的一个思维实验，它显示了无穷大的性质。

**Hindu-Arabic numerals
印度 – 阿拉伯数字**

当今世界几乎所有国家使用的数字系统。它有十个基本数字，分别是 0、1、2、3、4、5、6、7、8 和 9。这些符号起源于 6 世纪或 7 世纪的印度，后来通过阿尔·花剌子米的著作而传入欧洲。

honeycomb 蜂巢

蜜蜂用蜂蜡制作的巢房，由紧密排列的六角柱体蜂室所组成，用以容纳其幼虫以及蜂蜜和花粉。

hourglass 沙漏

一种用于测量时间的装置。它由两只玻璃泡组成，通过狭细的颈部垂直连接，从而使沙子或其他颗粒物从上部玻璃泡流向下部玻璃泡。通常，上下玻璃泡是对称的，因此无论哪个在上面，沙漏都会测量出相同的时间。

hyperlink 超链接

超链接指物联网上一个网页链接本网页或其他网页的目标信息（如文本、图片、应用程序等）。万维网的页面之间有许多超链接，将不同网站的不同页面相互连成网络。用户可以用点击超链接的方式跳转到不同的网页。

IBM 国际商业机器公司

全球较大的信息技术公司之一。它提供广泛的硬件、软件产品和服务。该公司由托马斯·沃森于 1911 年创立。

**Indian numerals
印度数字**

由印度人发明的数字系统，被阿拉伯人引入西方后，如今成为在全球范围内普遍使用的印度 – 阿拉伯数字。

infinite 无限的

空间、范围或大小无穷无尽，无法用传统方式进行测量或计算。

infinity 无穷大

无穷大比任何数字都大，我们永远不能给出确切的值。无穷大不是一个数字，而是一个概念。

information age 信息时代

信息时代始于 20 世纪，其特征是传统工业经济迅速转变为主要基于信息技术的经济。

instruction 指令

指示或命令；详细信息告诉你应如何操作、完成某件事。

integer 整数

不是分数或小数的数。它们由正整数、负整数和零组成，如 0、1、-1、2、-2 等。

integrated circuit 集成电路

在同一块硅片上装入许多晶体管、电阻、电容等，将它们连成电路，且具备一定的功能，这种电路称为集成电路。

interest rate 利率

银行付给存款人的利息，或借款人为借款所付的利息。利率通常用百分比表示。例如，银行提供定期一年，年利率为 5% 的定期存款账户；如果一个人将 100 元存入这样的账户，一年以后他就可以取出 105 元。

internet 互联网

互联网，又称国际网络，指的是网络与网络之间所串联成的庞大网络，这些网络以一组通用的协议相连，形成逻辑上的单一巨大国际网络。

internet security 互联网安全

计算机安全的一个分支，是有关互联网信息安全的学科；通常涉及浏览器和万维网的安全使用。

irrational number 无理数

不能表示为任何整数或分数的数字。无理数是无限不循环小数。

Ishango bone 伊尚戈骨

1960 年出土的一件古代骨骼制工具，现存于比利时皇家自然科学研究所。它是一条深棕色的狒狒的骨头，上面布满刻痕，具有 20000 多年的历史，可追溯至旧石器时代。有可能是人类最早使用的计数工具之一。

Islamic calendar
伊斯兰教历

一种阴历,也就是根据月相圆缺变化的周期制定的历法。伊斯兰教历的一年有 12 个月,每个月有 29 ~ 30 天。

Jacobs' method
雅各布斯法

估算人群中人数的一种方法。这个方法将人群划分为若干网格区域,然后估算每个区域中的平均人数,最后将平均人数乘区域的总数,得到的结果就是总人数。

Julian calendar
儒略历

儒略历是罗马的恺撒大帝制定的历法,是对罗马历的一种改革,于公元前 45 年 1 月 1 日开始使用。在儒略历的基础上,教皇格列高利十三世制定了更为完善的格里历,也就是现在的公历。

Kryptos
克里普托斯雕塑作品

美国艺术家詹姆斯·桑伯恩于 1990 年创作的一座雕塑,位于美国中央情报局总部的广场上。它含有四段共 865 个难解的字符组成的密文,众多业余密码破解者和密码学专家试图破解这个密码,但至今无人能够破解。

latitude 纬度

地球表面南北距离的度数,以赤道为 0°,以北为北纬,以南为南纬,南北各 90°。通过某地的纬线跟赤道相距的度数,就是该地的纬度。靠近南北两极的叫高纬度,靠近赤道的叫低纬度。

leap second 闰秒

格林尼治标准时间是根据地球的自转周期而制定的时间。由于地球自转的不规律性和长期变缓,这个时间相对于原子钟会有微小误差。当误差积累到接近 1 秒时,要对格林尼治标准时间进行调整。这种 1 秒钟的时间调整称为闰秒。时钟向后拨 1 秒称为正闰秒,向前拨 1 秒为负闰秒。

leap year 闰年

公历的一年通常有 365 天,但地球绕太阳一周平均大约需要 $365\frac{1}{4}$ 天。为了弥补这个时间差,每四年就需要在一年中增加一天,成为含有 366 天的闰年。闰年比平常年份多了 2 月 29 日这一天。

length 长度

一个物体的长度是它两端之间的距离。

line graph 线形图

一种图表,在坐标系中将数据点用线段连接起来,用于分析两个变量之间的关系。例如,某数据随时间变化的趋势。

logic 逻辑

逻辑指的是思维的规律和规则，可以帮助人们确定某件事或某个断言是对还是错。

longitude 经度

地球表面东西距离的度数，以本初子午线为0°，以东为东经，以西为西经，东西各180°。通过某地的经线与本初子午线之间的度数，就是该地的经度。

lunar calendar 阴历

根据月相圆缺变化的周期所制定的历法。

map 地图

说明地球表面的事物和现象分布情况的图，上面标着符号和文字，有时也有颜色。

mathematics 数学

研究现实世界的空间形式和数量关系的学科，包括算术、代数、几何、三角、微积分等。数学对于解决现实生活中的问题非常有用，现代商业、科学、工程和建筑领域都需要数学知识。

Maya civilization 玛雅文明

由大约公元前1500年美洲的玛雅人开发的古代文明。它以文字、艺术、建筑、数学、日历和天文等方面的成就而著称。

mean 平均数

将一组数据中的各个数值相加之和，再除以这组数据的个数，得出的结果就是平均数。

measure 测量

用仪器确定空间、时间、温度、速度、功能等数值。

mechanical computer 机械计算机

由机械部件（例如杠杆、齿轮等）而非电子部件构成的计算机。

median 中位数

一组有序数据中居于中间位置的数就是中位数。

Mesopotamia 美索不达米亚

又称"两河流域"，位于叙利亚东部和伊拉克境内，是古代文明发源地之一。

microchip 微芯片

微芯片是采用电子技术制成的集成电路芯片。集成电路的规模越大，电路越复杂。微芯片技术越先进，则相应的芯片体积越小。

mode 众数

一组数据中出现次数最多的数值。

Monty Hall problem
蒙提霍尔问题

它是一个以概率难题的形式出现的"脑筋急转弯"。它的出现基于一个美国电视游戏节目，并以其最初的主持人蒙提·霍尔的名字命名。

Moon 月球

月球是地球的卫星，我们通常可以在夜空中看到它。

Morse code
莫尔斯电码

莫尔斯电码是一种时通时断的信号代码，通过不同的排列顺序来表达不同的英文字母、数字和标点符号。

Napier's bone chips
纳皮尔筹

英国学者约翰·纳皮尔发明的一个最初由兽骨制成的计算工具，可以做乘法和除法运算。

NASA
美国国家航空航天局

NASA 是 National Aeronautics and Space Administration 的简称，又称为美国航空航天局或美国太空总署。它是美国联邦政府的一个科研机构，负责太空探索以及航空学的研究等。

natural number
自然数

0 和大于 0 的整数，即 0、1、2、3、4、5……

navigation 导航

利用航行标志、雷达、无线电装置等引导飞机或轮船等航行。

negative number
负数

小于 0 的数。负数代表与正数相反的意思。例如：如果正数表示向右移动，则负数表示向左移动。如果正数表示海平面以上，则负数表示海平面以下。

network 网络

网络是由若干节点和连接这些点的链路构成，表示诸多对象及其相互联系。可以用来表示实体结构，例如地理结构，也可以用它来表示抽象结构，例如人或事物的组织或系统。

number line 数轴

一条规定了原点、正方向和单位长度的直线。它可以表示数字的位置，显示数字的加法和减法运算。

numerator 分子

分式中写在分数线上面的数，表示总份数之中的几份。

odd number 奇数

不能被 2 整除的整数。奇数的个位数是 1、3、5、7 或 9。

odds 可能性

可能性是发生某件事情的机会或概率。

online security 在线安全

网络安全的一部分，着重在使用网络时对个人信息进行保护。

order of rotation symmetry 旋转对称阶次

一个几何图形旋转一周（360°）的过程中出现与原来的形状重合的次数称为阶次。例如，五角星的旋转对称阶次为 5。

origin 原点

在坐标系中，原点是各个轴相交的点，它的坐标为（0，0）。

outlier 离群值

也称逸出值，是指在数据中有一个或几个数值与其他数值相比差异较大。

pace 步长

古代长度单位，大约在 2.5 英尺（0.76 米）到 3 英尺（1 米）之间。另外，古罗马军队用的"步长"也称为"双步"，他们的 1000 步长等于 1 英里，即 1 步长等于 1.6 米。

Papua New Guinea 巴布亚新几内亚

位于南太平洋西部的一个岛国。它是一个拥有丰富文化和生物多样性的国家，以海滩和珊瑚礁而闻名。

parallel 平行

如果两条直线之间的距离始终相等，则它们是平行关系。

parallelogram 平行四边形

两组对边分别平行的四边形。平行四边形的两条对边相等，相对的角也相等。

pattern 模式

模式是某种事物的标准形式或使人可以照着做的标准样式。

pay-off matrix 支付矩阵

支付矩阵的第一行和第一列分别列出决策双方所有可能的策略，中间则是不同策略组合会产生的结果。决策者可以用支付矩阵来帮助决定对策。支付矩阵也称为赢得矩阵、报酬矩阵、收益矩阵或得益矩阵。

pendulum clock 摆钟

一种使用摆锤作为计时机件的时钟。自从 1656 年克里斯蒂安·惠更斯发明摆钟以后，直到 20 世纪 30 年代，摆钟一直是世界上最精确的计时器。

pentagon 五边形

一个二维图形，具有 5 条边和 5 个角。

percentage 百分比

一百份中的几份，用符号%表示。

periodical cicada 周期蝉

北美东部的蝉属。它们每隔 13 年或 17 年会破土而出，进行繁殖。

perpendicularity 垂直

与给定的线或平面成 90° 角。

personal information 个人信息

也称为个人身份信息，是与个人身份有关的信息。

phases of the moon 月相

随着月亮围绕地球旋转，它面对太阳的部分会被照亮。人们所看到的月亮表面发亮部分的形状称为月相。

physics 物理学

研究物质运动一般规律和物质基本结构的学科。包括力学、声学、热学、电磁学、光学、原子物理学等。

pi 圆周率

任何圆的周长除以它的直径总是等于相同的值，我们称这个值为圆周率，用希腊符号 π 表示。中国南北朝数学家祖冲之首次将圆周率精确到小数点后第七位。

pie graph 饼图

一种圆形统计图表，将圆形划分为多个扇形来显示数据的比例。

Pigpen cipher 朱高密码

一种以格子为基础的简单替代式密码。

place value system 位值制

在位值制中，一个数字由于其所在的位置不同而代表不同的值。例如，在 32.1 中，3 代表三十，2 代表二，1 代表十分之一。

plain text 明文

在密码学中，明文指加密之前的信息，而密文是加密后的信息。加密就是将明文变成密文的过程。

plane of symmetry 对称面

当一个几何图形在一条直线或一个平面的两侧互为镜像时，则它具有反射对称性。对于三维几何体，我们将这个平面称为对称面。对称形状可以具有一个或多个对称面。

planet 行星

围绕恒星运行的天体。例如木星或地球都是行星，它们围绕太阳运行。行星不发光，通常比恒星小。

playing cards 扑克牌

一种现代常见的游戏纸牌。早期各国的扑克牌并不相同，现在逐渐统一为标准的 52 张牌（如果算入两张王牌，是 54 张）。它由四种花色组成：梅花（♣），方块（♦），红桃（♥）和黑桃（♠），每种花色有 13 张。

Polybius Square 波利比奥斯方阵

古希腊人发明的一种密码系统。它将 24 个希腊字母排成 5 行和 5 列的方阵（最后一格是空格），用字母所在的行和列的位置来代表字母。

population 人口

指居住在一定地区内的人的总数。

position 位置

某人或某物所处的地方或被放置的地方。

positive number 正数

大于 0 的数。

power 幂

位于底数右上角的数字，表示有多少个底数相乘。

prime factor 质因数

能够整除一个给定正整数的质数。换句话说，质因数既是质数，也是某个整数的因数。

prime number 质数

也称为素数，质数除了 1 和自身外，没有其他因数。比如，2、3、5、7、11、13、17、19、23 和 29 都是质数。

prisoner's dilemma 囚徒困境

囚徒困境是博弈论的一个经典示例，说明了为什么两个完全理性的人各自都做出了最佳选择，但却不能得到最佳结果。

probability 概率

反映随机事件出现的可能性大小。概率是介于 0 到 1 之间的数字，0 表示不可能，而 1 表示确定会发生。

programmer 程序员

编写计算机程序的人。

property 财产

财产是指拥有的财富，包括物质财富（金钱、物资、房屋、土地等）和精神财富（专利、商标、著作权等）。

proportion 比例

整体的某一部分相对于整体所占的份额。

pyramid 金字塔

三维几何体，包括圆锥、棱锥等。金字塔是古埃及、美洲的一种建筑物，是用石头建成的三面或多面的角锥体，远看像汉字的"金"字。

quantity 数量

事物数目的多少。

quartz clock 石英钟

使用石英振荡器的一种计时器。石英振荡器产生的信号具有非常精确的频率，因此石英钟比良好的机械钟精度至少高一个数量级。普通民用石英钟误差在每月 15 秒左右，高精度石英钟可以达到每年误差不超过 10 秒。

radius 半径

从圆心到圆周或从球心到球面的直线段的长度。

ratio 比率

某个数与另一个数相比所得的值。

**rectangle
长方形，矩形**

一个二维图形，有 4 条边和 4 个角，4 个角都是直角。因此，相对应的两条对边相互平行并且长度相等。

**reflection symmetry
反射对称性**

当一个几何图形在一条直线或一个平面的两侧互为镜像时，则它具有反射对称性。

regular dodecahedron 正十二面体

一个三维几何体，具有 12 个面，每个面均为正五边形。一共有 30 条棱和 20 个顶点。

**regular hexagon
正六边形**

6 条边都相等的六边形。正六边形可以无间隙地契合在一起。它们在自然界中也很常见，例如蜂巢就是由正六边形组成的。

right angle 直角

两条直线或两个平面垂直相交所成的角。直角为 90°。

**right-angled triangle
直角三角形**

有一个角是直角的三角形。

**Roman numerals
罗马数字**

古罗马人发展的记数系统。现在在一些情况下仍然使用罗马数字。罗马数字 1 到 10 依次记为：I、II、III、IV、V、VI、VII、VIII、IX、X。

rotation 旋转

对于二维图形，旋转是绕一个中心或点的转动。对于三维几何体，旋转是绕一条直线的转动。

rotational symmetry 旋转对称性

当几何图形绕固定点旋转一定的角度（小于360°）后，与原来的形状完全重合，那么它就具有旋转对称性。

roundabout 环岛

也称环形交通、转盘交叉口，是一种圆形交叉路口或交通枢纽，车辆需绕着中心岛沿单个方向行驶，直到转向所需的行驶方向后离开。

rounding 舍入

将一个数字替换为它的近似值，这样做的目的通常是使计算更容易些。四舍五入是一种常用的估算方法。

sector 扇形

一条圆弧和经过这条圆弧两端的两条半径所围成的图形叫扇形（半圆与直径的组合也是扇形）。例如，一块比萨饼的形状是扇形。

sample 样本

从一组事物中取出一部分事物，这部分称为样本。我们可以通过分析样本来分析与该组事物有关的信息。

sequence 数列

按照某个规则生成的一列数字，例如2、4、6、8、10。

shape 形状

物体的外部形式或外观特征；区域或图形的轮廓。

significant figure 有效数字

对于一个近似数字，从左边第一个不为0的数字起，到精确到的位数止，每一位数字都称为有效数字。例如，对于3.1415这个数字，如果需要保留小数点后两位，那么3.14是有效数字，其他的可以舍弃。

similar triangles 相似三角形

如果两个三角形对应的角相等，而且对应的边成比例，则称它们是相似三角形。换句话说，相似三角形具有相同的形状，但不一定具有相同的大小。

size 尺寸

多指一件东西的长度，也指一件东西的大小。

slide rule 计算尺

也称为对数计算尺，通常由三个互相锁定的有刻度的长条和一个滑动窗口（称为游标）组成。

solar calendar 阳历

以地球绕太阳公转运动周期为基础所制定的历法。

solar system 太阳系

太阳系以太阳为中心，由太阳以及所有围绕太阳运行的天体所组成，其中包括八大行星及其卫星和无数的小行星、彗星、流星等。

space 空间

一个二维或三维区域。

speed 速度

物体在某一个方向上单位时间内所通过的距离。

sphere 球体

一个三维几何体。它表面上的每个点到球心的距离都相等。

square 正方形

一个二维图形，具有 4 条长度相等的边和 4 个直角。

star cluster M13 武仙座球状星团

这个星团位于武仙座，是拥有约 300000 颗恒星的球状星团。它是北半球可见的较为明亮的星团之一，距地球约 22200 光年。因为其中的恒星密度非常大，所以它们有可能会碰撞并产生新的恒星，对天文学家的研究具有极大的科学意义。

statistics 统计学

应用数学的一个分支，主要通过收集数据，用数学模型进行量化分析，得出结论。

stroke tallying 正字记数法

古代中国发明的一种记数方法，这个方法利用"正"这个 5 笔汉字，以 5 为基数进行计数。

subtraction 减法

从一个数中减去另一个数的运算。

Sumerian 苏美尔人

苏美尔人是两河流域早期文化的创造者。苏美尔文明是历史上最早出现的、可考证的文明之一。

sun 太阳

太阳系中心的恒星。它给地球上的生命提供能源。

sundial 日晷

古代一种利用投影来测定时刻的装置。

supercomputer 超级计算机

信息处理能力非常强大的计算机称为超级计算机。超级计算机常用于处理需要大量繁复计算的问题，例如密集计算和海量数据处理。

symmetry 对称性

如果一个形状或物体在旋转或反射以后与原来的形状重合，则它具有对称性。

Taj Mahal 泰姬陵

印度阿格拉市亚穆纳河南岸的一座白色大理石陵墓，是印度的著名古迹之一。

tally 点数

计数用的记号或筹。

tally marks 刻道

刻道是早期人类使用的一种简单的线条记数法，就是在木头、兽骨或石块上留下刻痕来记录数字，后来发展成一种以 5 条线为一组记录数字的方法。这种方法也称为理货标记。

tax 税

一种强制性的财务费用，或者是政府组织为资助各种公共支出而向纳税人（个人或法人实体）征收的其他类型的费用。最早的已知税制发生在公元前 3000 年 ~ 公元前 2800 年的古埃及。

**telegraph
电报**

电报是通过专用电线的电流编码脉冲进行长距离信息传输的技术，自 1840 年开始使用。随着电话等其他通信技术的普及，电报日渐消亡。

temperature 温度

表示物体的冷热程度。最常用的温度单位是摄氏度（℃）和华氏度（℉）。

tessellation 镶嵌

在一个平面内，将许多平面图形没有重叠，也没有间隙地排列在一起。

**three-dimensional
三维的**

当物体具有长度、宽度和高度时，它就有三个维度，被称为是三维的。

timeline 时间轴

也称为时间线，是一种以发生的顺序显示事件的列表或图形。

token 代币

代币是可以交换商品或服务的凭证。

triangle 三角形

一个二维图形，它具有 3 条边和 3 个顶点。

**trigonometry
三角学**

数学的一个分支，研究三角形的边长和角度之间的关系。

**Turing Bombe
"图灵甜点"密码解码机**

由英国杰出的数学家艾伦·麦席森·图灵发明的一种机电设备。它帮助英国密码学家们在第二次世界大战期间破译了大量的德军秘密信息。

**two-dimensional
二维的**

当物体具有长度和宽度时,它就有两个维度,被称为是二维的。

**Tzolkin calendar
卓尔金历**

玛雅历的一部分。卓尔金历的一个周期为260天。

universe 宇宙

宇宙是一切物质及其存在形式的总体。包括地球及其他一切天体的无限空间。

**vampire bat
吸血蝙蝠**

生活在南美洲的哺乳动物,群居在洞穴中,夜晚出来觅食。吸血蝙蝠以其他动物的血液为食。

**vertical
竖的,垂直的**

与水平线或水平面成直角的。

**Vigenere Cipher
维吉尼亚密码**

也称为热纳尔密码,是在恺撒密码基础上产生的一种加密方法。

**visualization
视觉化**

用图像、图表、图形、地图或动画之类的方法来展示数据和传递信息的技术。

water clock 水钟

古代根据液体流入或流出的量来计时的仪器。

web page 网页

网页是构成网站的基本元素。

**web search engine
网络搜索引擎**

用来帮助人们查找存储在其他站点上的信息。

week 星期

为期七天的时间单位。它是世界上大部分地区工作和休息日的标准周期。

weight 重量;砝码

重量是物体受到的重力的大小。砝码是天平或磅秤上用的具有标准重量的金属块。

**World War II
第二次世界大战**

一场从 1939 年持续到 1945 年的世界规模的战争。它是史上规模最大、涉及地区最广,也是伤亡最多的战争。最后,以同盟国战胜轴心国结束。

**World Wide Web
万维网**

一个信息网络系统,其中的文档和其他资源可以通过超链接相互连接,并且可以通过互联网相互访问。

year 年

地球围绕太阳运行一周所需的时间，大约为365天5小时48分46秒。

zero 零

零是一个特殊数字。它表示没有数量。

答案

第17页
38，25，16

第31页
146℃和262℉

第34页
32英镑

第39页
九块

第67页
宝藏埋在 (6,4)。

第71页
数列中的下一项是
142。

第73页
我们知道 $a = 12$，$d = 2$，$n = 15$。$12 + (15-1) \times 2 = 40$ 个座位。

第76页
九百二十二京三千
三百七十二兆零三
百六十八亿五千四
百七十七万五千八
百零八。

第77页
$1 \times 2^{(20-1)} = 1 \times 2^{19} = 524288$
$2 \times 3^{(15-1)} = 2 \times 3^{14} = 9565938$ 枚硬币

第79页
$31 \times 19 = 589$

第83页
we are not alone
（我们并不孤单）

第97页
这组身高的中位
数为152厘米，众
数为155厘米。平
均数最适用，而
众数最不适用。

第101页
第二个样本的50
颗珠子中有4颗蓝
色珠子，比率为
4：50，可以简化为
1：12.5。将40（第
一个样本中珠子
的总数）乘12.5，
就得到珠子的总
数，也就是500颗
珠子。

第115页
图 b 和 c 是可能的。
因为都可以从一个
奇数连接点出发，
到另一个奇数连接
点结束。

第119页
如果其中一个是6
则有11种可能的组合：$1-6$，$2-6$，$3-6$，$4-6$，$5-6$，$6-6$，$6-5$，$6-4$，$6-3$，$6-2$和$6-1$。因此，概率为 $\frac{1}{11}$。

第123页

		摊位A	
		价格保持在1英镑	降价至75便士
摊位B	价格保持在一英镑	两位摊主各出售20杯柠檬汽水，每人得到20英镑，总计40英镑。这是最好的结果。	摊主A得到所有顾客，出售40杯柠檬汽水，得到30英镑。摊主B什么也没得到。
	降价至75便士	摊主B得到所有顾客，出售40杯柠檬汽水，得到30英镑。摊主A什么也没得到。	两位摊主都出售20杯柠檬汽水，每人得到15英镑，两人总计收入30英镑。

致 谢

The publisher would like to thank the following people for their assistance in the preparation of this book:

Niki Foreman for additional writing; Kelsie Besaw for editorial assistance; Gus Scott for additional illustrations; Nimesh Agrawal for picture research; Picture Research Manager Taiyaba Khatoon; Pankaj Sharmer for cutouts and retouches; Helen Peters for indexing; Victoria Pyke for proofreading.

The publisher would like to thank the following for their kind permission to reproduce their photographs:

(Key: a–above; b–below/bottom; c–centre; f–far; l–left; r–right; t–top)

13 Royal Belgian Institute of Natural Sciences: (br). 18 Alamy Stock Photo: Dudley Wood (crb). 27 Getty Images: Walter Bibikow / DigitalVision (br). 31 Getty Images: Julian Finney / Getty Images Sport (bc). 45 Alamy Stock Photo: Nipiphon Na Chiangmai (ca). 62 Getty Images: Katie Deits / Photolibrary (crb). 82 Alamy Stock Photo: INTERFOTO (br). 83 Science Photo Library: (br). 89 Alamy Stock Photo: Directphoto Collection (cb). 93 Alamy Stock Photo: Jo Fairey (cb). 96 123RF.com: Daniel Lamborn (br). 111 Dreamstime.com: Akodisinghe (cra). 115 NASA: NASA /JPL (crb). 119 Avalon: Stephen Dalton (cb).

All other images © Dorling Kindersley

For further information see: www.dkimages.com